# 賢人の中国古典

Hiroshi Aramata  Yoshitaka Kitao  Akira Nakano
Hiroshi Moriya  Hiroshi Kurogane

論語、孫子、三国志から得る珠玉の言葉。現代ビジネスにも通じる人間力を学べ！

荒俣　宏
Hiroshi Aramata

北尾吉孝
Yoshitaka Kitao

中野　明
Akira Nakano

守屋　洋
Hiroshi Moriya

黒鉄ヒロシ
Hiroshi Kurogane

Essential Tips for Surviving Modern Business
What You Should Think, Plan and Do to Become Successful

幻冬舎

# 中国人のスケールは日本人には理解しにくい。中国古典こそがそれらをひも解くツールになる。

## 賢人の言葉

### 日本人と中国人の美徳は違う。

中国では裏切りは悪いことではなく、権謀術数という戦略。自分が不利な場合は約束を破ったり相手をだましたりしてもよいと考えられている。

**[日本人と中国人の違い　P12より]**

### 中国史には循環システムが存在する。

圧倒的武力を持っていた項羽が敗れ去った背景には、歴史の循環システムが作用していたように思えてならない。人々は、始皇帝の恐怖政治から逃れるように、次なる支配者に温情主義者を選んだ。**[中国史の英雄達4〜項羽〜　P22より]**

### 周の時代がターニングポイント。

人徳によって国を治めた者を「王者」といい、武力や知力によって国を治めた者を「覇者」という。前者から後者へ統治方法が転換した時代、それが周だった。

**[天下を治めるためのルール　P14より]**

**作家・博物学者・翻訳家**

# 荒俣 宏

人間的魅力がなければ人はついてこない。
人がついてこなければ事業は絶対に成功しない。

**40 歳までに生き方を確立させる。**

40 歳になっても周囲の評価が得られないようでは、残念ながら人生の決着はほぼついてしまっている。

[何のために働くべきか　P36 より]

**義と利は両立させられる。**

物事を長期的に見てほしい。「義」を求めて仕事をすれば、結果的に「利」はついてくる。小利に走って失敗した企業は多いが、義に走って失敗した企業はない。

[君子と小人の視点の違い　P42 より]

**運を引き寄せるのは人間力。**

本気で努力をすれば、その過程で新しい発見が得られる。そうした積み重ねが、人を運気の強い方へと導いていく。

[成功と失敗は紙一重　P52 より]

SBIホールディングス代表取締役執行役員社長

# 北尾 吉孝

# 『孫子』と現代ビジネスは共通点が多い。成功のカギは兵法の中から見出すことができる。

## 賢人の言葉

### 組織の基本は「道」、すなわちミッションにある。

五事七計は『孫子』をビジネスに活かすための基本になる。まず「道」を理解し、その上でビジョンを実現するための「天・地・将・法」について考える。

[ビジネスを成功に導く「五事」　P70 より]

### アイデアは組み合わせによって生まれる。

斬新なアイデアはゼロから生まれるものではない。どんなアイデアでも既存の要素の組み合わせからしか生まれない。

[「奇正」と創造力の関係　P100 より]

### 詭道とは戦略的ポジショニングを意味する。

「詭道」はだまし合いを意味する言葉だが、ビジネスに置き換えると、他社と異なるポジションをとり、その人しかできないことを考えるという意味になる。

[「詭道」をどう捉えるか　P74 より]

プランナー・作家

# 中野 明

# 生き残りの戦術・戦略は歴史に学ぶべき。『三国志』は処世術の教科書と言っていい。

## 曹操はビジネスで言う「損切り」ができる男だった。

なぜ曹操は戦に強かったのか。その理由は、誰よりも『孫子』を学び、実践していたことや、決して同じ負け方をしなかったこと、撤退の見切りが早かったことが挙げられる。

[中国の三分の二を掌握した男～曹操～　P104より]

## 能力ゼロで勝利を収めた男、それが劉備。

現代に当てはめると、劉備は資本金ゼロ、経営手腕ゼロで会社をはじめたようなもの。彼が蜀の皇帝にまで上り詰めたのは、奇跡的な成功だと言える。

[寛厚の人の実像～劉備～　P106より]

## 孫権の凄みは守成の戦略を貫いたこと。

曹操や劉備に比べて孫権の印象が薄いのは、創業のドラマがないためだ。しかし、自前の勢力を守り、地盤固めを成功させた手腕は賞賛に値する。[曹操、劉備のライバル～孫権～　P108より]

中国文学者
守屋 洋

# 中国古典は真っ正面から読むべきではない。距離を保ち、疑うことで本質が見えてくる。

## 賢人の言葉

### 焚書坑儒が中国を「架空の国」にした。

世界でも類を見ない思想弾圧によって、中国の思想史は断絶に追い込まれた。これによって中国は、モラルを持たない架空の国になってしまった。

[儒教を捨てた「架空の国」　P138 より]

### 中国古典を「装置」として活用した。

風林火山は、兵法を知らない兵卒達へのコピーライティングのようなもの。武田信玄は『孫子』を装置として活用していた。

[ケーススタディ 戦国編 1 ～武田信玄～　P142 より]

### 日本は中国古典を上手く吸収した。

戦国時代然り、幕末然り、日本は外国から知識を吸収することに長けている。その吸収力によって国を発展させたと言っても過言ではない。

[海を渡った中国古典　P140 より]

漫画家・コメンテーター

**黒鉄 ヒロシ**

# 賢人の中国古典　目次

## 第2章 孫子に学ぶビジネス戦術

プランナー・作家 中野明

# 第3章　三国志に学ぶ処世術


中国文学者　守屋洋

## 終章　中国古典の正しい読み方

漫画家・コメンテーター　黒鉄ヒロシ



装丁　石川直美（カメガイ デザイン オフィス）
本文デザイン　有限会社プッシュ
デザイン・DTP　有限会社美創
編集協力　有限会社ヴュー企画（池上直哉　野秋真紀子）
取材・構成　株式会社むしか（小野川由基知）
編集　鈴木恵美（幻冬舎）

## Profile

1947年生まれ。
システムエンジニアとして10年間のサラリーマン生活を送るかたわら、
雑誌「幻想と怪奇」を編集。
独立後、英米幻想文学の翻訳・評論をはじめ、
小説、博物学、神秘学などジャンルを超えた執筆活動を続け、
その著書・訳書は300冊に及ぶ。
主な著書は『帝都物語』（角川文庫）、『世界大博物図鑑』（平凡社）、
『アラマタ大事典』（講談社）、『読み忘れ三国志』（小学館）など。

序章

# 中国史に学ぶ英雄達のスケール

中国古典を本当に理解するためには、
まず中国という国の本質を掴む必要がある。
歴史の成り立ちや英雄達の生き様に焦点を当てることで、
中国人と日本人の違いを体感しよう。
中国古典は、歴史という背景を得てはじめて生きた知識になる。

作家・博物学者・翻訳家
荒俣 宏（あらまた・ひろし）

中国史1

日本人と中国人の違い

# 中国人の気質は日本人には理解できない

古代中国で行われた主な粛清《しゅくせい》(B.C.260〜A.D.200)

| | | |
|---|---|---|
| 紀元前260年 | 秦王政《しんおうせい》(後の始皇帝《しこうてい》)による**戦後処理** | 長平《ちょうへい》の戦いにおいて、趙《ちょう》軍の捕虜約40万人を坑殺《こうさつ》(穴に生き埋めにすること) |
| 紀元前213〜212年 | 始皇帝による**焚書坑儒《ふんしょこうじゅ》** | 儒者約460人を坑殺(穴に生き埋めにすること) |
| 紀元前207年 | 項羽《こうう》による**秦《しん》軍捕虜虐殺** | 約20万人の捕虜を坑殺(穴に生き埋めにすること) |
| 紀元前196年 | 劉邦《りゅうほう》による**功臣への粛清** | 韓信《かんしん》など、天下統一に尽力した功臣を誅殺《ちゅうさつ》 |
| 200年 | 曹操《そうそう》による**暗殺未遂事件の報復** | 暗殺未遂事件を起こした関係者とその一族、約700人が処刑された |

## ■中国人の美徳

歴史上の人物に限ったことではないが、中国人の思考は日本人にとって理解し難い部分が多い。例えば、中国における裏切りは背徳ではなく権謀術数《けんぼうじゅつすう》という戦略であり、自分が不利な場合は約束を破ったり相手をだましたりしてもよいと考えられている。モラルの基準が異なるともいえよう。

近年の領土問題などを見ると、日中間の交渉はほぼ失敗に終わっている。これ一つを取っても、日本人が中国人の気質を全く理解できていないことの証明であろう。したがって、中国史上の人物達を知るためには、まずモラル感覚の歴然とした違いが存在することを念頭に置かねばならない。

では、なぜモラル感覚に大きな違いがあるのか。それ

## 「相生《そうじょう》」と「相剋《そうこく》」（五行思想の例）

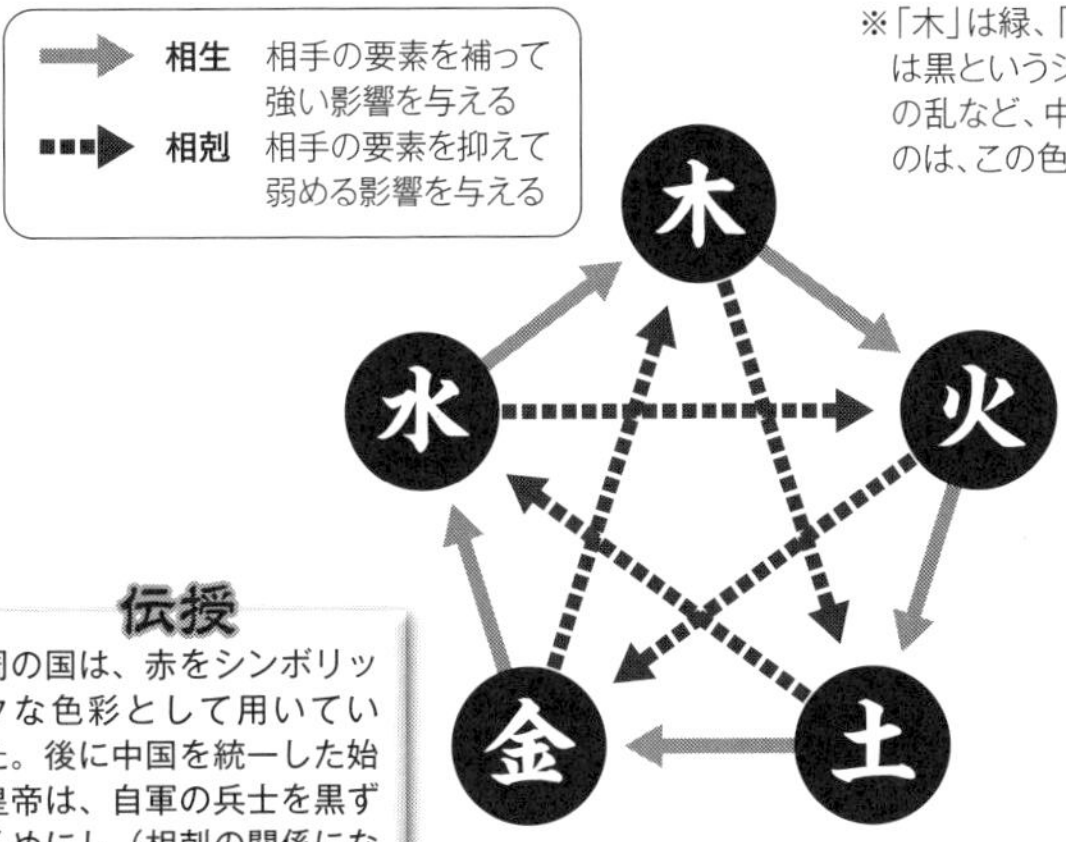
相生　相手の要素を補って強い影響を与える
相剋　相手の要素を抑えて弱める影響を与える
木
火
土
金
水

※「木」は緑、「火」は赤、「土」は黄、「金」は白、「水」は黒というシンボリックな色彩を持っている。黄巾の乱など、中国史上で色を用いた反乱が多発したのは、この色彩によって自分達を正当化したため。

**陰陽五行説**

陰陽説と五行説を組み合わせて森羅万象の変化の法則を説いたもの。世の中のあらゆるものを陰と陽に分け、そこに自然界を形成する五行（木、火、土、金、水）を組み合わせて事象の説明を行った。複雑な仕組みのため、ここでは五行説に特化して説明する。左図のように、五行は「相生」と「相剋」という関係によって結びついている。

**伝授**

周の国は、赤をシンボリックな色彩として用いていた。後に中国を統一した始皇帝は、自軍の兵士を黒ずくめにし（相剋の関係になる）、自軍の正当性をアピールしたという。

は周《しゅう》から春秋《しゅんじゅう》戦国《せんごく》時代にかけて形成された、中国特有の統治システムに起源があると思う。

一つ例を挙げよう。中国ではたびたび皇帝によって、臣下《しんか》や人民の粛清が行われている。粛清と聞くと、普通は何か悪いことをした人物が罰せられるとか、皇帝の不満や不安を取り除くために行われるものだと考えがちだが、実態は全く違う。**粛清は、陰陽五行説《いんようごぎょうせつ》をもとにした占いや相性《あいしょう》、また漢代以降は「讖緯《しんい》説《せつ》」という予言書に倣《なら》って行われた場合が多く、ある意味では、れっきとした統治システムの一つなのだ。**この説によると、自分達が勝利を収めても、後に必ず自分達を滅ぼす勢力が出てくると考えられている。であれば、必ず発生するという反乱の芽を探し出し、事前に摘み取る必要があろう。数百数千、時には数万単位であっても断固たる粛清が実施されたのは、反乱を抑えるための政策として認知されていたためなのだ。

単純に粛清の問題をとっても、日本人と中国人の認識にはこれほど大きな隔たりがある。こうした中国人のスケールを理解した上で中国古典を読まなければ、書物の真意は掴めない。

中国史2

天下を治めるためのルール

# 周《しゅう》の時代を境に「王者」が「覇者」に変わった

## ■徳で治めるか新システムで治めるか

天下を平定した英雄に対し、「王者」や「覇者」といった呼び方をするケースが多いが、実はこの二つ、全く異なる意味を持っている。**「王者」は人徳によって国を治めた者を指し、「覇者」は武力や知力によって国を治めた者を指す。そして前者から後者へ統治方法が転換した時代が周であった。**

周は、中国史上もっとも理想的な時代とされている。文化水準が高く、科学技術も発展し、何よりも王を選ぶ基準が人徳に特化されていた。統治者に対する絶対的な安心感は不満分子を生じさせない。人々の暮らしは平穏だったという。しかし周の統治力が次第に弱まると、人々に変化が起こりはじめた。統治システムに疑問を抱くようになり、新しい統治方法を模索する者達が現れたのだ。いわゆる諸子《しょし》百家《ひゃっか》の時代である。陰陽五行説《いんようごぎょうせつ》の確立や、孔子や韓非《かんぴ》子《し》などの思想家誕生の背景には、こうした素《そ》地《じ》があった。

## ■統治方法は循環する

始皇帝《しこうてい》の登場は、「武力による統治」という新しい統治手法の確立を意味した。戦の勝敗とは無関係に存在する「王者」の地位に、武力や知力でのし上がった「覇者」が居座ってもよいことになったのだ。こうなると異種格闘技トーナメントのようなものであるから、支配者は常に王朝転覆《てんぷく》のリスクを背負うことになる。反乱分子を力で抑え、独裁制の恐怖政治が敷かれる。やがて耐えきれなくなった実力者が王朝を打倒し、次なる「覇者」が誕生する。そして今度は同じ轍《てつ》を踏まないように温情主義を掲げたりする……。周以降の時代はこうした循環システムが成立し、次々と覇者が入れ替わっていった。

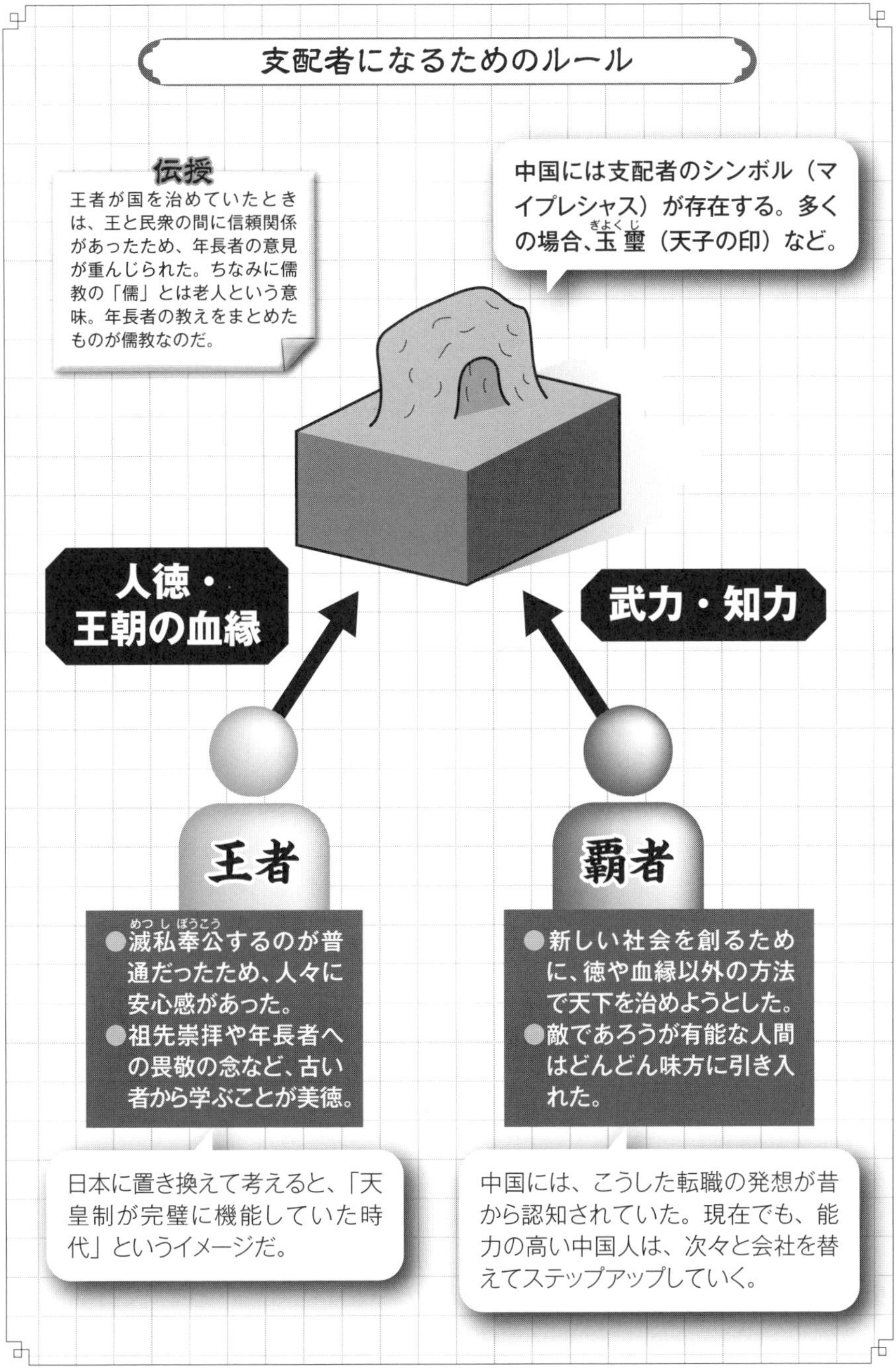
支配者になるためのルール
伝授
王者が国を治めていたときは、王と民衆の間に信頼関係があったため、年長者の意見が重んじられた。ちなみに儒教の「儒」とは老人という意味。年長者の教えをまとめたものが儒教なのだ。
中国には支配者のシンボル（マイプレシャス）が存在する。多くの場合、玉璽《ぎょくじ》（天子の印）など。
人徳・王朝の血縁
武力・知力
王者
●滅《めつ》私《し》奉公《ぼうこう》するのが普通だったため、人々に安心感があった。
●祖先崇拝や年長者への畏敬の念など、古い者から学ぶことが美徳。
日本に置き換えて考えると、「天皇制が完璧に機能していた時代」というイメージだ。
覇者
●新しい社会を創るために、徳や血縁以外の方法で天下を治めようとした。
●敵であろうが有能な人間はどんどん味方に引き入れた。
中国には、こうした転職の発想が昔から認知されていた。現在でも、能力の高い中国人は、次々と会社を替えてステップアップしていく。

中国史3

中国史の英雄達1～管仲《かんちゅう》～

# 親友の忍耐力が名宰相《さいしょう》を生んだ

## ■「管鮑之交《かんぽうのまじわり》」の真相

日本にもなじみの深い故事成語「管鮑之交」は、互いに相手を理解し合い、利害を超えた信頼関係で結ばれているさまを表した言葉として知られている。しかしこの解釈は、真相とかなり隔たりがある。これは管仲と鮑叔《ほうしゅく》の友情物語というより、鮑叔の忍耐物語といった方が正しかろう。

管仲はもともと、桓公《かんこう》（後に管仲が仕える君主）の腹《ふく》心《しん》ではなかった。それどころか王位を争う敵対勢力に身を置いており、殺されてもおかしくない立場にあった。しかし、桓公陣営にいた幼なじみの鮑叔が管仲の才能を惜しみ、推薦の労をとってくれたがために、命拾いすることができた。鮑叔がいなければ、名宰相・管仲は誕生しなかったにちがいない。

では、なぜ鮑叔は管仲を助け、推薦したのか。ポイントは時代背景にある。

当時は諸子百家《しょしひゃっか》が誕生した春秋《しゅんじゅう》時代。周《しゅう》の徳治《とくち》主義が薄れ、武力や知力による治世が必要とされはじめていた頃だった。敵である管仲は殺すのが道理であり、実際、桓公も処刑するつもりでいたらしい。

しかし、唯一、鮑叔だけが古き良き周王朝の精神にのっとって異を唱えた。つまり、**鮑叔は幼なじみの情によって管仲を助けたのではない。もはや廃《すた》れつつあった徳の精神を頑なに守った結果として、管仲を助けるに至ったのだ。**そういう意味では、「管鮑之交」とは周の時代をたたえた言葉ともいえよう。

やがて桓公に仕えた管仲は宰相となり、周王朝の徳治主義に基づく善政によって天下の秩序を回復した。鮑叔は管仲よりも下の地位に甘んじながら、彼を支え続けた。当時の心ある人々は、管仲の政治手腕よりも鮑叔の滅私《めっし》奉公《ほうこう》を高く評価したという。

## 管仲による鮑叔の述懐

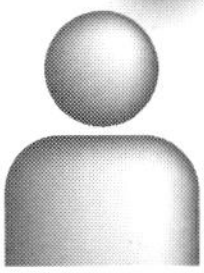

管仲

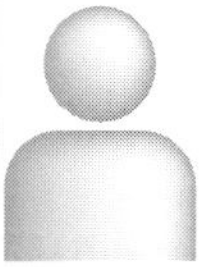

鮑叔

**鮑叔と組んで商売をしたとき……**

儲けを分ける際に私の方が余分に取ってしまったが、鮑叔は**欲張り呼ばわりしなかった。**

**私が貧乏なのを知っていたからだ。**

**新しい仕事を手がけて窮地に陥ったとき……**

鮑叔は私を**愚か者呼ばわりしなかった。**

**物事には上手くいく場合とそうでない場合があることを心得ていたからだ。**

**幾度か仕官し、そのたびお払い箱になったとき……**

鮑叔は私を**無能呼ばわりしなかった。**

**私が時節に恵まれていないことを察していたためだ。**

**私が戦に出るたび逃げ帰ってきたとき……**

鮑叔は私を**臆病者呼ばわりしなかった。**

**私に年老いた母がいることを知っていたためだ。**

**私を産んでくれたのは父母だが、私を理解してくれたのは鮑叔である。**

## 管仲の国政の特徴

以下の３つは、管仲が語ったとされる言葉。

| | |
|---|---|
| **経済政策** | 四季を通じて生産計画を軌道に乗せ、経済発展を図らなければならない。物資が豊かな国には人民が集まってくる。開発が進んだ国から逃げ出す人民はいない。 |
| **道徳教育** | 為政者《いせいしゃ》は経済を重視しなければならない。刑罰は二次的なもの。まずは民生を安定させ、その上で道徳意識を高めることが国家存続の基礎である。 |
| **為政者への戒め** | 取ろうとするならまず与えよ。これが政治の要諦《ようてい》である。 |

中国史

4

中国史の英雄達2～始皇帝《しこうてい》～

# 不老長寿を求めて国を衰退させた

## 始皇帝陵《りょう》内部にまつわる伝説

13歳で即位してから墓の造営を開始し、天下を統一してからは全国から約10万人を集め、始皇帝が死去するまで造営が続いた。

**伝授**

始皇帝陵は未だ内部公開されていない。これらの伝説は長い間誇張されたものと考えられてきたが、1981年の発掘調査によって水銀が蒸発した痕跡が確認され、真実である可能性が高まった。

- 水銀の川と海が広がり、黄金でできた雉《きじ》が浮いていた。
- 人魚の脂で作ったロウソク（800年燃え続けるという）が点されていた。
- 天井には宇宙を表す宝石などが飾られていた。
- 地面には中国の五大名山などの地形が表現されていた。
- 窃盗防止のため自動発射できる弓の仕掛けがあった。

### ■不老長寿は可能だという考え

始皇帝と秦《しん》について語る上で欠かせない要素が「不老長寿」であろう。覇者として天下を統一した始皇帝は、周《しゅう》の徳治《とくち》主義を根底から覆《くつがえ》し、新しいシステムの構築に注力した。郡県《ぐんけん》制度の導入、文字や度量衡《どりょうこう》の統一などは、一見国家整備の善政にも思えるが、こうした中央集権化の背景には、独裁制の地盤固めという意図が潜んでいたことを忘れてはならない。

始皇帝の政治手法を一言で表すと、武力で抑えつける恐怖政治だったといえよう。恐怖の根源は「死」にある。したがって彼は、自身が不死身でなければ恐怖政治は成立しないと考え、次第に不老長寿に固執していった。不老長寿と聞くと、現代の感覚では夢物語のように聞こえるかもしれないが、この時代はむしろ逆で、不老長寿の方法は存在するものと信じられていた。

## 始皇帝の政策

### ◎郡県制度の採用

全土を36の郡に分け、それをさらにいくつかの県に分けて、中央から派遣した長官に治めさせた。

### ◎文字・貨幣・度量衡・法律の統一

これまで国ごとにバラバラであったが、全国で統一を図った。

### ◎道路の整備

始皇帝が天下巡遊《てんかじゅんゆう》するために、全国の道が整備された。皇帝専用の道路「馳道《ちどう》」は、幅約67mもあったという。

### ◎大規模な土木事業

万里の長城、阿房宮《あぼうきゅう》、始皇帝陵などを造る。それにより、莫大な費用と人民の犠牲を強いた。

**伝授**

始皇帝は極めて精励だった。1日に30キロの書類（当時の書類は竹簡や木簡）を決裁することを日課とし、これらを消化するまで決して休まなかったという。

## 国よりも皇帝が大事という感覚

当時、不老長寿の技術を持っているとされていたのは周の文化伝統を継承する国々だった。始皇帝はそこで斉《せい》の徐福《じょふく》という方士《ほうし》を見つけ、不老長寿の妙薬を探させる。一回の探検に船数百艘、数千人を動員したというから、その執念は推して知るべしだ。また、不老不死のシステムを完備した始皇帝陵を三十七年もの歳月を費やして造営するなど、国家予算におけるかなりの割合を皇帝一人の不老長寿に投入している。秦の財政は、不老長寿のために傾いたといってもよい。

しかし、不老長寿の妙薬を求めて蓬莱《ほうらい》の島を目指した徐福は、結局帰ってこなかった。始皇帝はこれに激怒し、中国古典を目の敵にする。こうして行われたのが、史上稀《まれ》に見る思想弾圧である焚書坑儒《ふんしょこうじゅ》だった。

**不老長寿のために国や文化を犠牲にするという中国人のスケールは、日本人には到底理解できないであろう。始皇帝一人の命の価値が国の価値よりも高いのだ。**実際、始皇帝の死後わずか五年ほどで秦王朝は滅亡した。そして恐怖政治から逃れるように、次なる支配者に温情主義者が選ばれることになった。

## 中国史の英雄達3～劉邦《りゅうほう》と蕭何《しょうか》～

# 「戦争を終わらせない」という深遠な戦略

### 漢の三傑

**蕭何**
(?～紀元前193年)

- 主に後方支援（兵站）を担当した補佐役
- 劉邦が遊侠（ゆうきょう）だったときからともに行動していた
- 韓信を大将軍に推挙
- 項羽が秦の都を焼き払う前に丞相府（じょうしょうふ）に入り、文書や地図などを保管（地図が楚漢戦争で大いに役立つ）
- 楚漢戦争の論功行賞で功績第1位
- 王朝成立後は丞相、相国（しょうこく）として活躍。法令や諸制度の整備に尽力

**張良**
(?～紀元前168年)

- 主に参謀として作戦の策定などを担当
- 代々韓（かん）の宰相を務めていた名家の生まれ
- 始皇帝暗殺に失敗し、遊侠の世界に身を隠す
- 楚漢戦争後、留侯（りゅうこう）に封じられる
- 王朝成立後は身を引き、仙人修行に励んだ

**韓信**
(?～紀元前196年)

- 主に軍事面を担当した用兵の天才
- はじめは項羽（こうう）に仕えたが重用されず、劉邦のもとで大将軍に取り立てられる
- 楚漢戦争で、趙（ちょう）・魏（ぎ）・燕（えん）・斉（せい）などの地を略定し、斉王となる
- 楚漢戦争後、楚王に封じられる
- 王朝成立後、劉邦に誅殺（ちゅうさつ）される

## ■なぜ項羽《こうう》に勝てたのか

始皇帝《しこうてい》が没し、秦《しん》王朝の力が急速に弱まると、各地で反乱が勃発するようになった。その中で頭角を現した人物が楚《そ》の項羽と漢《かん》の劉邦だ。二人は天下の覇権をかけて争い、いわゆる楚《そ》漢《かん》戦争に突入していく。当初劣勢だった劉邦だが、徐々に勢力を広げて項羽を追い詰め、最終的には垓下《がいか》の戦いにおいて項羽を討ち取った。こうして漢王朝が誕生する。

しかし、武力衝突にもかかわらず、なぜ武力に劣る劉邦が勝利を収められたのか。それは知力すなわち戦略に長けていたためであろう。つまり、**たとえ負け戦をしたとしても、大打撃を被る前に逃げて再起を図れば、戦争そのものは持続できる**という戦略をとったのだ。劉邦の戦略はまさにこの一点に集中されていた。そしてこの戦略を演出した人物こそ蕭何だった。

## 楚漢《そかん》戦争の経緯

| | | | |
|---|---|---|---|
| 紀元前206年 | | 項羽、西楚《せいそ》の覇王を名乗る | |
| 紀元前205年 | | 劉邦、漢中《かんちゅう》を出陣し、関中《かんちゅう》を落とす | |
| | **彭城《ほうじょう》の戦い** | | 56万の劉邦軍、3万の項羽軍に敗れる |
| 紀元前204年 | **滎陽《けいよう》の戦い** | 劉邦、項羽軍に城を包囲されるも、命からがら脱出 | |
| | **井陘《せいけい》の戦い** | 韓信軍、趙軍を「背水の陣」で破る | |
| 紀元前203年 | | 韓信、斉に攻め込み占領する | |
| | **濰水《いすい》の戦い** | 劉邦と項羽、天下を二分する盟約を交わして講和するも、劉邦が盟約を反故にする | 韓信軍、楚の龍且《りゅうしょ》軍を破る |
| 紀元前202年 | **垓下の戦い** | 劉邦軍、項羽軍を破る。項羽は討死 | |

**伝授**

秦の滅亡後、項羽による大規模な封建が行われたが、内容は極めて不公平なものだった。そのため諸侯が不満を抱き、楚漢戦争へと至った。

## ■劉邦をプロデュース

劉邦はもともと片田舎の遊侠《ゆうきょう》（ヤクザのようなもの）に過ぎなかった。何かの才に長けていたわけではなかったが、なぜか人望があり、彼のいるところには次々と人が集まったという。後に「漢の三傑（蕭何、張良《ちょうりょう》、韓《かん》信《しん》）」と呼ばれる功臣《こうしん》のうち、蕭何だけは遊侠時代からの友人だったというが、彼はこの時期から劉邦に目を付け、プロデュースしようとしていたのかもしれない。実際、最初に反乱を企てたのは蕭何であり、彼が「人気のある劉邦をトップにしよう」と皆を説得したらしい。また、楚漢戦争の際も、本国に留まって軍需物資を後方から支援し続けて「戦争を長期化できる体制」を築き、内政面でも減税政策などを行った。ちなみに減税政策というのは、当時では極めて大胆な発想であり、通常君主でなければ下せないほど難しい決断だった。それを実行できたところを見ても、蕭何が君主とほぼ同等の力を持っていたことが証明されよう。

劉邦と蕭何が築いた漢は、始皇帝とは異なる温情主義によって治められた。学問が発展し、今に続く中国文化が形成されたのはこの時代といってよかろう。

中国史 6

中国史の英雄達４〜項羽《こうう》〜

# 圧倒的武力を持ちながら敗れた理由

## ■戦略を持たなかった男

秦《しん》を滅亡に追い込んだ中核人物であり、一時は「西楚《せいそ》の覇王」として天下に号令を下す存在にまで上り詰めた項羽。しかし、圧倒的な武力を持ちながらも楚漢《そかん》戦争に敗れ、無念の最後を遂げることになった。その原因は大きく分けて二つあるように思う。

まず、項羽には戦略が全くなかった。有名な戦いがある。項羽が秦の都・咸陽《かんよう》へと向かう途中、鉅鹿《きょろく》という地で秦の大軍と戦闘になった。このとき項羽は、黄河《こうが》を船で渡った後、三日分の食糧のみを残して船と食糧を全て沈めてしまったという。三日で決着がつかなければ全滅あるのみ。まさに戦略を持たない人物ならではの戦い方だといえよう。

こうした戦い方の背景には、自分に対する絶対的な自信がある。結局自分一人の力でどうにかできると考えていたのだろう。そのため彼は、部下の忠告をほとんど聞かなかった。項羽の配下には范増《はんぞう》という有能な軍師がついていたが、敵が仕掛けた離間《りかん》の計にかかり、自らの手で放逐してしまった。楚漢戦争後、劉邦《りゅうほう》は「范増一人使いこなせなかったことが、項羽が滅びた原因である」と述べている。

そして項羽が敗北したもう一つの原因、それは前の支配者が始皇帝《しこうてい》だったことが挙げられる。項羽と始皇帝の政治スタンスは、非常に類似している。前述の鉅鹿の戦いで勝利した項羽は、捕虜約二十万人を坑殺《こうさつ》しているし、咸陽の都に入った際はいっさいを焼き払い、劉邦が助けた秦最後の王・子嬰《しえい》一族も容赦なく処刑している。**始皇帝の恐怖政治に嫌気がさしていた人々は、項羽に同じ匂いを嗅《か》ぎとったに違いない。やがて項羽が孤立し、四面《しめん》楚歌《そか》へと追い込まれた背景には、歴史の循環システムが作用していたように思えてならない。**

## 項羽と劉邦の性格の違い

### 始皇帝の天下《てんか》巡遊《じゅんゆう》を見たときの二人の反応は……

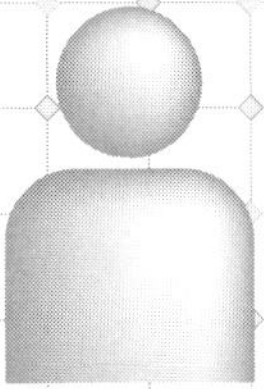

**「彼、取って代わるべきなり」**
（次は俺があいつに取って代わってやる）

項羽

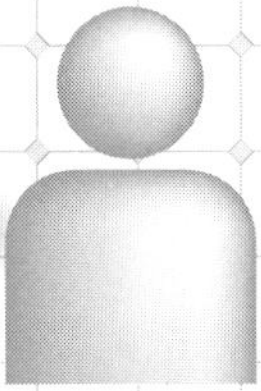

**「ああ、大丈夫かくのごときなるべきなり」**
（ああ、男に生まれたからには、あのようでなくてはだめだ）

劉邦

## 「四面楚歌《しめんそか》」に見る項羽の戦略の乏しさ

**力は山を抜き、気は世を蓋《おお》う、**
**時利あらず騅《すい》逝かず。**
**騅逝かざるを、奈何《いか》にすべき、**
**虞《ぐ》や虞や若《なんじ》を奈何にせん。**

※騅は項羽の愛馬、虞は項羽の愛人

垓下《がいか》に追い詰められ、劉邦軍に包囲された項羽は、敵陣から故郷・楚の歌が聞こえてきたのを知り、涙ながらにこの歌を歌ったという。しかし、いくら追い詰められているからといって、「どうすればいいか分からない」と歌うのは如何なものか。まさに項羽の戦略のなさが伺えよう。

中国史 7

中国史の英雄達5～劉秀《りゅうしゅう》（光《こう》武《ぶ》帝《てい》）～

# 征服以外の統治スタイルを実践した

## ■温厚ながら肝《きも》の据わった人物

劉邦《りゅうほう》によって建国された漢《かん》王朝は二百年後にいったん崩壊し、その後二十年ほどを経て、劉秀によって再興された。しかしこの人物、なかなか掴み所がない。始皇帝《しこうてい》や項羽《こうう》のような覇王タイプでもなければ、劉邦のようなやんちゃな人徳タイプというわけでもない。周囲の誰もが後に皇帝になるとは想像していなかった、極めて素直で温厚な人物だったらしい。

そんな劉秀の実像が垣間見えるエピソードがある。中国には王朝創始者が天運を試す「封禅《ほうぜん》の儀《ぎ》」という儀式が存在する。中国最大の霊山・泰山《たいざん》に登り、天地に王の即位を報告するというものだ。実はこの儀式、命の危険を伴う過酷なものであるため、踏破した者はほとんどいない。しかし二人だけ、頂上まで登った皇帝がいた。始皇帝と前漢の武《ぶ》帝《てい》である。そこで光武帝劉秀もこの儀式

### 史書による劉秀の評価

**飲食言笑《いんしょくげんしょう》、平常の如し**

※飲食のときも、話をするときも笑うときも平常と変わらない様子であった。

実の兄を殺されていながら、敵対勢力に謝罪したときの様子。はらわたが煮えくりかえっているはずなのに、それをおくびにも出さなかったという。

**身ずから大業を済すといえども、兢々《きょうきょう》として及ばざるが如し**

※まだ努力が足りないのではないかと、常に自分を戒めていた。

日々の政務に対する劉秀の精励ぶりは厳しいものがあった。その態度をまとめた言葉。

**赤心《せきしん》を推して人の腹中に置く。いずくんぞ死に投ぜざるをえんや**

※真心をもって人に接し、誠意を態度で示す。それが兵卒達を「命を投げ出してもかまわない」という気持ちにさせるのだろう。

敵の大軍を帰順させたとき、相手は劉秀の真意を疑い不安に怯えていた。そのとき、劉秀は自ら馬にまたがり相手の陣内を見て回ったという。それを見た将兵達の言葉。

## 劉秀の主な政策

| | |
|---|---|
| 徴兵制《ちょうへいせい》の廃止 | 農業生産に従事させ、有事のみ屯田兵《とんでんへい》を用いた |
| 奴婢《ぬひ》と良民の平等を宣言 | |
| 減税の実施 | 十分の一税を三十分の一税に減額した |
| 戸籍と耕地面積の調査を実施 | |
| 貨幣制度の整備 | 五銖銭の鋳造を行った |
| 郡国制《ぐんこくせい》の採用 | 前漢の統治機構を踏襲したが、諸侯列侯の領地は小さくした |
| 三公《さんこう》の創設と冗官《じょうかん》の削減 | 政治の最高責任者として大司徒《だいしと》、大司空《だいしくう》、大司馬《だいしば》を設けた。また、役所の統廃合による人員整理も行った |
| 儒教の奨励 | 儒教を奨励し、学制や礼制を整備した |

を敢行したのだ。この一事をとっても相当、肝の据わった人物だったことが分かる。

もう一つある。劉秀が反乱軍の一翼を担っていた時分、ともに反乱軍に参加した兄が、内部抗争によって殺されてしまった。周囲の者は劉秀が仇討ちするものと期待したが、彼は平然と敵対勢力の前に出頭し、謝罪したという。自分の感情はさておき、不利なときは甘んじて身を屈する胆力が、劉秀には備わっていた。

皇帝に即位してからの劉秀は、**国内外に敵を作ることを徹底的に避け、民心の安定に力を注いだ。劉邦の統治方法をさらに平和路線にシフトさせた手法といえよう。**実際、皇帝の座に君臨し続けた三十二年間、一人の粛清《しゅくせい》者も出していない。これは当時としては奇跡的なことといってよい。

また、敵国との関係にも細心の注意を払い、友好外交によって国力の消耗を避けた。日本の志賀島《しかのしま》で発見された金印は後漢王朝から送られたものだという。小さな島国である日本にさえ懐柔策をとっていることからも、その政治スタンスが極めて徳治《とくち》主義に近いものであることが分かる。

中国史8

中国史の英雄達6〜太宗《たいそう》（李《り》世民《せいみん》）〜

# 集大成された唐《とう》という国家システム

## ■後世に残る理想的な治世

中国史上最高の名君として知られる太宗。二代皇帝として唐王朝三百年の基礎を固めた治世は「貞観《じょうがん》の治《ち》」として称えられている。

太宗の政治スタンスは、前項の劉秀《りゅうしゅう》（光武《こうぶ》帝《てい》）によく似ている。ともに徳治《とくち》主義に根ざし、民生安定に努めた。違いを挙げるとすれば、国の基盤となる前王朝の治世が異なることであろう。劉秀が後漢を、前漢の政治の初心に戻したのに対し、太宗は隋《ずい》の政治システムを成熟させた。隋は文帝《ぶんてい》の「開皇《かいこう》の治」によって後漢〜南北朝時代の流れを進歩させた文運隆々《ぶんうんりゅうりゅう》たる国家であった。そのため太宗は、より恵まれた条件で治世に取り組むことができた。また隋から唐への移行が禅譲《ぜんじょう》によってなされた点も、優れた臣下《しんか》を吸収できたという意味では見逃せない。

政策の具体例を挙げると、さらに隋の影響が見えてくる。唐の中央集権政策である三省六部《さんしょうりくぶ》制は隋に通じるものであるし、水運事業の整備は隋から引き継いだものだ。また、遣唐使などに代表される諸外国との交易も隋を踏襲したものになる。つまり**唐王朝は、これまで続いてきた王朝の歴史を集大成させた国家であり、そのスムーズな移行を担った人物こそが太宗なのだ。**

ちなみに『資治通鑑《しじつがん》』という書物では、この時代の治世を次のように評している。

「天下泰平であり、道に置き忘れた物も盗まれない。家の戸は閉ざされることなく、旅の商人は野宿をするほど治安が良い」

現代の日本さながらの秩序が存在したのかもしれない。

太宗は自戒の念が強く、臣下からの諫言《かんげん》を常に求めた人物だったという。緊張感を維持しながらも無理な施政《しせい》をせず人を活かす。この絶妙なバランス感覚が、創業と守成《しゅせい》の両立という偉業を支えたのであろう。

## 『貞観政要《じょうがんせいよう》』にみる太宗の言葉

**人君《じんくん》過失有るは日月の蝕《しょく》の如《ごと》く、人皆これを見る**

訳 君主の悪事を、民は日蝕や月蝕のように恐れて、心に留めてしまう。

**安《やす》きに居《お》りて危《あやう》きを思う**

訳 上手くいっているときほど、危機対策を怠ってはならない。

**諍臣《そうしん》は必ずその漸《ぜん》を諌《いさ》む**

訳 君主に過失があったときに諌める臣下を諍臣という。その諍臣も、諌めるときはきざしの段階で諌めるべきだ。

**流水の清濁《せいだく》は、その源に在るなり**

訳 君主が濁っていると、臣下や人民も濁ってしまう。

Column

### 太宗唯一の失敗!?後継ぎ問題

唐を理想的な国家へと成長させた太宗だったが、晩年は後継ぎ問題に悩まされた。当初は長子・李承乾《りしょうけん》に後を継がせようとしていた太宗だったが、この人物が非常に変わり者で、羊肉を食したり、ゲルで寝泊まりしたりと、西方の蛮族《ばんぞく》やモンゴルなどの文化を非常に好んでいたという。

そんな行動に不安を覚えた太宗は、弟の李《り》泰《たい》を偏愛するようになり、李承乾と李泰の対立が顕在化してしまう。結局事態の沈静化を図るため、太宗は息子のうちもっとも凡庸《ぼんよう》な李治《りち》（後の高宗《こうそう》）を後継ぎに指名してこの世を去った。

しかし、この判断がやがて大きな歴史のうねりを作り出すことになる。第三代皇帝に即位した李治は、太宗の後宮《こうきゅう》にいた武照《ぶしょう》という女性を見初め、自らの後宮に召した。この女性こそ後の則天武后《そくてんぶこう》である。

中国史 9

中国史の英雄達7～則《そく》天《てん》武《ぶ》后《こう》～

# 中国唯一の女帝による成り上がり伝説

## 則天武后の出世と権謀術数

**太宗の後宮に入る**
『史記』には、漆黒の髪、切れ長で大きな瞳、雪のような肌、桃色の唇、薔薇色の頬、大きな胸、明晰な頭脳を備えていたと記録されている。

↓

**高宗《こうそう》の後宮に入る**
高宗の皇后王《おう》氏と寵愛を受けていた蕭淑《しょうしゅく》妃《ひ》の対立につけ込み、尼寺行きから復活。

↓

**王氏を廃后に追い込み、皇后になる**
皇帝の側近などを味方につけて、王氏廃后の上奏文を送らせる。

↓

**政治の実権を握る**
政治に無関心な高宗に代わって権力を掌握。自分の立后に反対した臣下をことごとく粛清する。

↓

**我が子を廃位し、自ら皇帝へ**
女帝出現を暗示する予言書を流布させ、権威強化を図った後、登位。

### ■独力で皇帝の地位に上り詰める

現在の中国では男女同権が保証されているが、一昔前までは男女差別が厳しく、女性の社会進出など考えられない状況だった。そんな中、中国史上たった一人だけ最高権力者である皇帝に上り詰めた女性が存在する。則天武后である。驚くべきことに彼女は、自らの権謀術数《けんぼうじゅつすう》のみを頼りに、ほぼ独力で頂点まで駆け上ってしまった。

武后は十四歳で太宗《たいそう》の後宮《こうきゅう》に入った聡明な美女だった。太宗が没すると通例にのっとり尼寺《あまでら》に入るはずだったが、三代皇帝の高宗《こうそう》に見初められて再び後宮に入ることになった。ここから、日本の江戸時代における大奥さながらの勝ち抜き戦が開始される。

まず周りの女官達を味方につけた武后は、持ち前の権数でライバルを次々と失脚させ、見事に皇后の座を射止める。そればかりか、政治に無関心で病気がちな高宗に

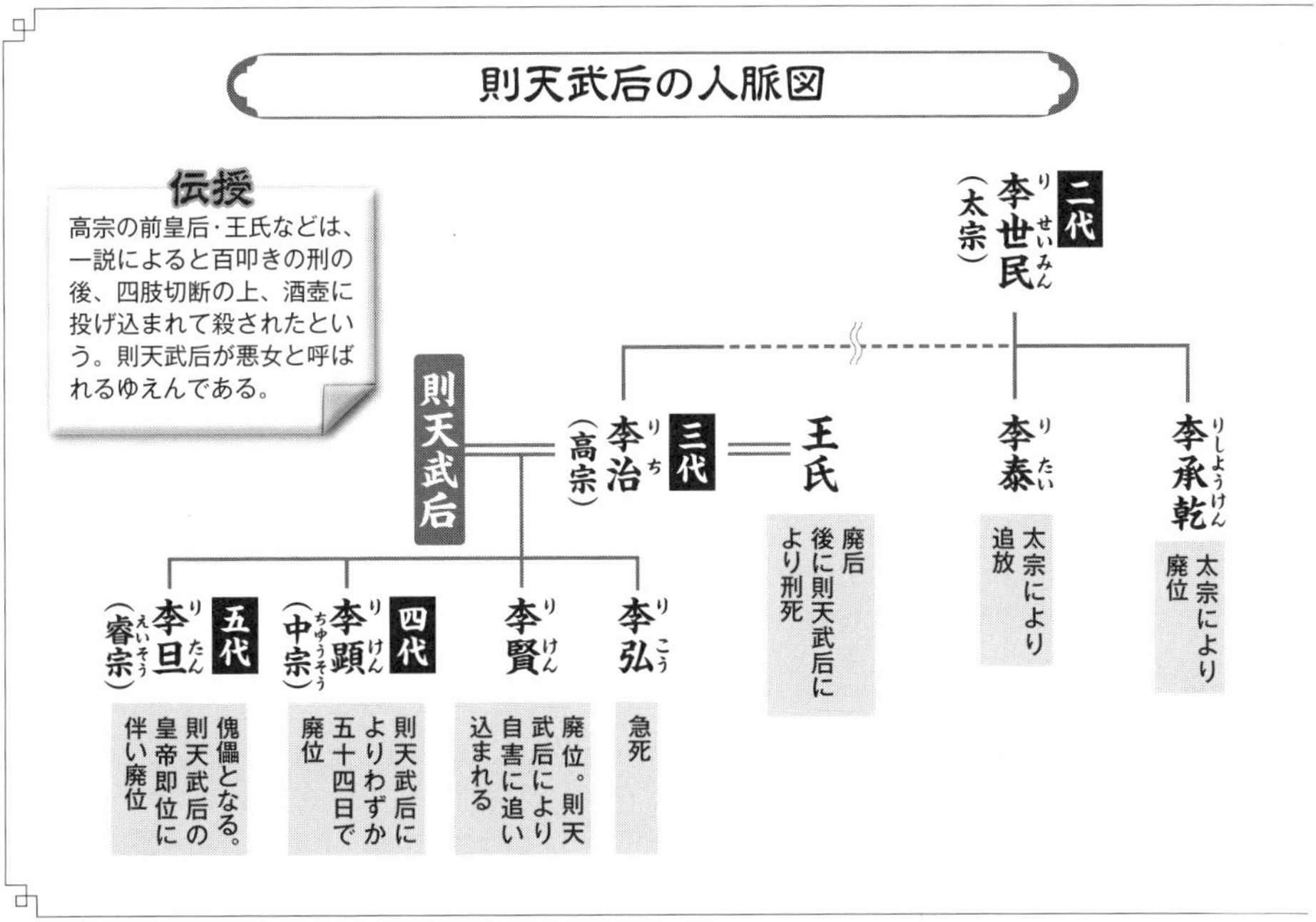
則天武后の人脈図
伝授
高宗の前皇后・王氏などは、一説によると百叩きの刑の後、四肢切断の上、酒壺に投げ込まれて殺されたという。則天武后が悪女と呼ばれるゆえんである。
二代
李世民《りせいみん》（太宗）
李承乾《りしょうけん》
太宗により廃位
李泰《りたい》
太宗により追放
三代
李治《りち》（高宗）
王氏
廃后
後に則天武后により刑死
則天武后
李弘《りこう》
急死
李賢《りけん》
廃位。則天武后により自害に追い込まれる
四代
李顕《りけん》（中宗《ちゅうそう》）
則天武后によりわずか五十四日で廃位
五代
李旦《りたん》（睿宗《えいそう》）
傀儡となる。則天武后の皇帝即位に伴い廃位

代わって政治の実権を握り、いわゆる垂簾聴政《すいれんちょうせい》を行うようになっていった。

## ■則天武后の功績

　彼女の政治は、端的に言えば「覇者」の政治だった。自分に反対する臣下《しんか》はもちろん、我が子でさえ容赦なく粛清《しゅくせい》を行った。そのため最終的には後継ぎがいなくなり、則天武后が誕生することになる。その際、武后は国号を唐《とう》から周《しゅう》へと変えている。「覇者」である武后が、「王者」の代表格である周王朝と同じ名を選んだのは、何とも因果なものに思える。

　とはいえ、武后の政治が悪政だったわけではない。むしろ抜本的な手段によって、国力を向上させている。**最大の改革は何といっても大臣クラスの政治家を総入れ替えしたことであろう。皇帝になる前から周到に準備を重ね、縁故《えんこ》政治を撲滅してしまった。**これほど大胆な人事政策は他に類を見ない。また、隋《ずい》の時代から実施されていた公務員試験「科挙《かきょ》」を平民に開放し、有能な人材を次々と登用した。粛清の恐怖と大胆な人材登用を組み合わせて臣下を操る老獪《ろうかい》な手腕は、一世の傑物と呼ぶにふさわしい。

中国史
10

中国史の英雄達8〜趙匡胤《ちょうきょういん》〜

# 「平凡さ」によって成功を収めた宋《そう》の創始者

## ■話し合いで物事を決める時代

則天武后《そくてんぶこう》亡き後、唐《とう》王朝は九代玄宗《げんそう》の時代に絶頂期を迎えた。しかし、晩年の玄宗が楊貴妃《ようきひ》に溺れた頃から反乱などが勃発し、国力が衰退。いわゆる「五代十国《ごだいじっこく》時代」に突入していく。この「五代」随一の実力者であり、天下統一の野望を抱いていたのが後周《こうしゅう》の皇帝・世宗《せそう》であった。このとき趙匡胤は世宗配下の一武将に過ぎない。

しかし世宗が病に倒れ、わずか七歳の幼児を残して他界してしまうと事態は一変する。幼児が君主ではあまりに心許ない。不安を覚えた近衛兵《このえへい》の将達が、半ば無理矢理擁立したのが趙匡胤だった。ここまで労せずに皇帝に即位した人物も珍しい。

では、なぜ趙匡胤が選ばれたのか。それは時代背景によるところが大きかろう。**中国という文化圏はすでに成熟の段階に入り、物事を合議によって決定する世相に移り変わっていた。合議制になれば、当然始皇帝《しこうてい》のような人物は選ばない。どっちに転んでも大丈夫な人物を選ぶ。**つまり趙匡胤は、平凡だからこそ皇帝に担がれたということになる。

とはいえ、趙匡胤が凡庸《ぼんよう》な人物だったかというと決してそうではない。在位十七年の間に、荊南《けいなん》、後蜀《こうしょく》、南漢《なんかん》、南唐《なんとう》を滅ぼし、ほぼ中国全土を統一している。

また天下が安定してからは、配下の将軍達が握っていた軍事権を粘り強い交渉の末に返還させたり、「科挙《かきょ》」を改善し、軍人の上に官僚が立つ文官《ぶんかん》政治を少しずつ浸透させたり、とにかく話し合いによって物事を解決することに徹した。

自らの平凡さを最大限活かすことで実現した平和体制の構築は、趙匡胤でなければなし得なかった偉業だといえよう。

# 趙匡胤の平凡エピソード

## その1

王宮の庭で雀撃ちをしていたとき、火急の用件と称して謁見《えつけん》を願い出た重臣がいた。しかし話を聞くとごくありふれた用件を言い、「雀撃ちよりは火急です」と開き直った。つい趙匡胤が重臣の顔を打ち据えると、歯が2本欠け、重臣はそれを無言で拾った……。

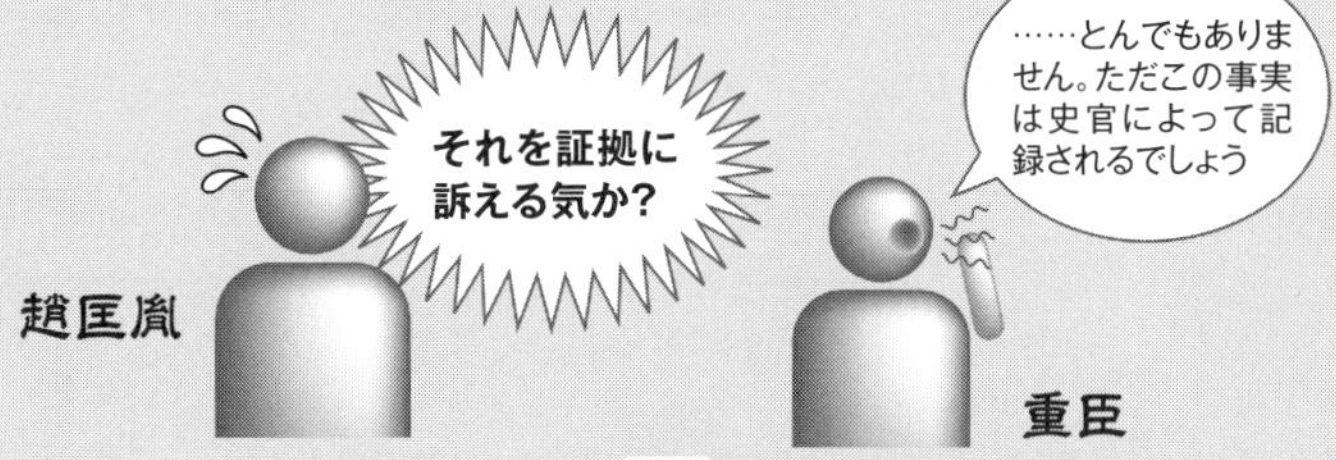
それを証拠に訴える気か?
趙匡胤
……とんでもありません。ただこの事実は史官によって記録されるでしょう
重臣

後世の人に笑われ、暴君のそしりを受けると恐れた趙匡胤は、すぐに機嫌を直して莫大な損害補償金を与えた。

## その2

狩りに出かけたとき、馬が足を取られてバランスを崩し、落馬する。怒った趙匡胤はとっさに馬を刺し殺してしまった……。

われ天下の主となりて軽々しく田猟を事とす。また何ぞ馬を罰せんや!

二度と狩りに出かけなくなった。

## その3

政務を終えた趙匡胤が、居室に戻ってもなお落ち着かない様子だった……。

趙匡胤
先ほど調子にのって間違った指示を出してしまったのじゃ……
いかがされましたか?
臣下

間違った指示が気になって気持ちがふさぎ、しばらく鬱々としていた。

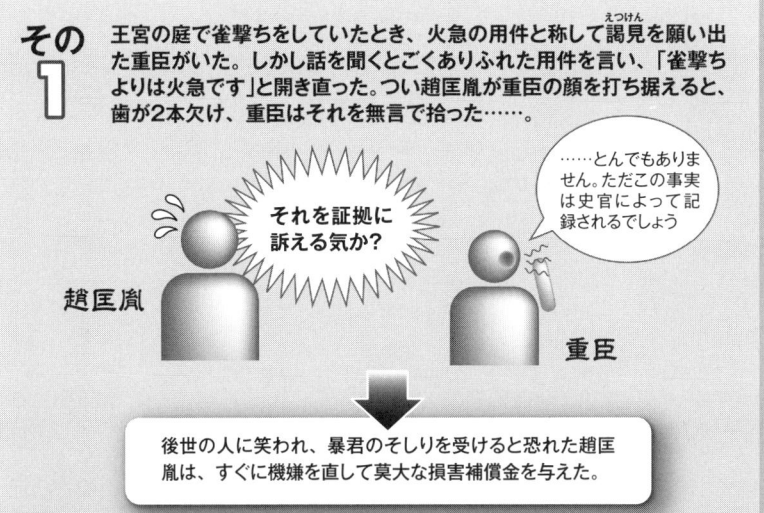

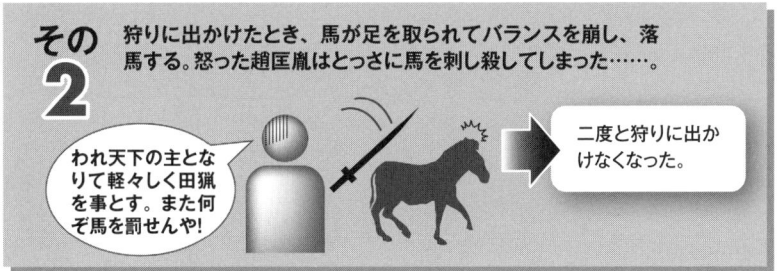

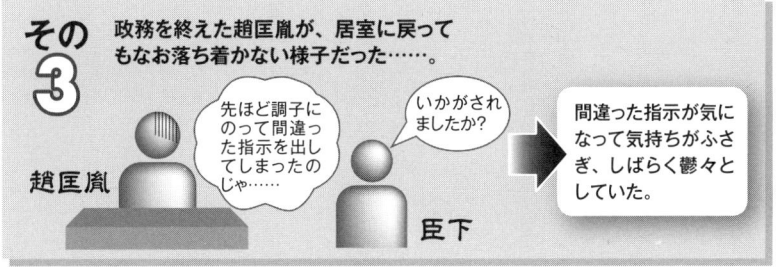

中国史11

## 中国史の英雄達9～岳飛《がくひ》～

# 中国ナンバーワンヒーローの実像

### 岳飛が率いた「岳家軍」とは

岳
岳家軍
「岳」が旗印。皇帝から「精忠岳飛」と大書した軍旗も賜っている
同郷の者達による私兵集団が軍閥化した。最終的には約4万の軍勢に膨れあがった
この時代で(おそらく)唯一略奪を禁じた軍隊。そのため民衆から絶大な支持を得ていた

**史記による岳家軍の評価**

- 「ただ飛《ひ》の軍、秋毫《しゅうごう》も犯すところなし(岳家軍は、少しも軍規を犯したりしなかった)」
- 「軍に糧を見るなきも、将士、飢えを忍びて敢えて民を乱さず(軍に食糧がなくても、将士は飢えに耐え、民から食糧を略奪することをしなかった)」
- 「山をゆるがすは易く、岳家軍をゆるがすは難し(岳家軍よりも山を震撼させる方がたやすい/金の総帥・斡啜(あつてつ)の言葉より)」

## ■忠義に燃えた男の顛末《てんまつ》

文官《ぶんかん》政治によって栄え、豊かな文化を花開かせた宋《そう》王朝だったが、極端なまでに軍事行動を回避した結果、徐々に異民族の侵攻に悩まされることとなった。やがて北方の異民族が河北《かほく》一帯に金《きん》を建国すると、勢力関係は逆転してしまう。宋の都・開封《かいほう》が落とされ、ついには皇帝が捕縛されるという事態にまで至った。

辛うじて逃げおおせた一族達の手によって南宋《なんそう》王朝が再興されたものの、軍事力は相変わらず乏しく防戦一方。そこで活躍したのが救国の英雄として知られる岳飛だ。連戦連敗の南宋軍の中にあって、ただ一人気を吐く姿は、人々の希望の光だった。

実際、岳飛率いる岳家《がっか》軍の戦いぶりは見事なほど敵を悩ませた。開封陥落直後はゲリラ戦を展開して敵を追い詰め、金軍が撤退に転じると追撃して南宋の要地・建康《けんこう》

## 岳飛の転戦

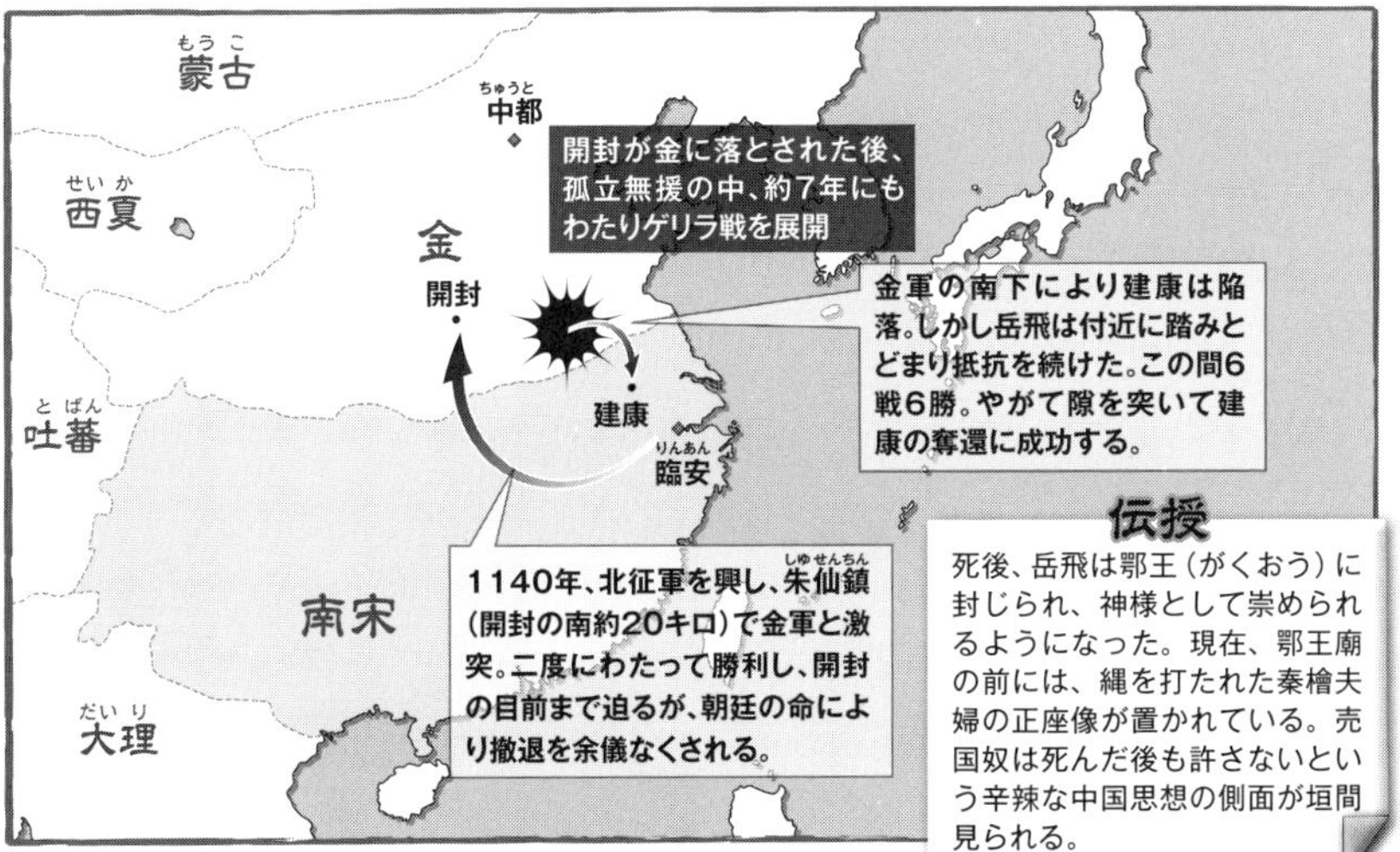
蒙古《もうこ》
中都《ちゅうと》
開封が金に落とされた後、孤立無援の中、約7年にもわたりゲリラ戦を展開
西夏《せいか》
金
開封
金軍の南下により建康は陥落。しかし岳飛は付近に踏みとどまり抵抗を続けた。この間6戦6勝。やがて隙を突いて建康の奪還に成功する。
吐蕃《とばん》
建康
臨安《りんあん》
1140年、北征軍を興し、朱仙鎮《しゅせんちん》（開封の南約20キロ）で金軍と激突。二度にわたって勝利し、開封の目前まで迫るが、朝廷の命により撤退を余儀なくされる。
南宋
大理《だいり》

**伝授**

死後、岳飛は鄂王（がくおう）に封じられ、神様として崇められるようになった。現在、鄂王廟の前には、縄を打たれた秦檜夫婦の正座像が置かれている。売国奴は死んだ後も許さないという辛辣な中国思想の側面が垣間見られる。

を奪回し、さらには各地の武装勢力の鎮圧に当たりながら徐々に勢力を拡大した。その上、岳家軍は綱紀《こうき》厳正《げんせい》、民衆の支持も極めて厚かった。ちなみに、当時全く略奪に走らない軍隊は岳家軍だけだったらしい。まさに報国の理念にのみ突き動かされた孤高の武人である。中国では珍しいタイプの人物かもしれない。

岳飛が尽忠報国《じんちゅうほうこく》に徹した理由を考えると、彼の出自がまず思い当たる。岳飛は農民の子であり、武人の家柄ではない。**出自の低さが負い目となって、武人よりも武人らしく振る舞おうとしたのではなかろうか。**

後年、南宋軍の中核を担うまで実績を積み重ねた岳飛は、念願の北征《ほくせい》軍を興す。二度にわたって金軍に大勝を収めると、かつての都・開封の目前まで進軍することに成功する。しかし突如として帰還命令が下され、北征は中止になる。金との講和を図っていた宰相《さいしょう》・秦檜《しんかい》が、講和に悪影響を及ぼすことを危惧し、呼び戻してしまったのだ。帰国した岳飛は問答無用で捕らえられ、謀反の罪により投獄されてしまう。運命を悟った岳飛は、「天日《てんじつ》昭昭《しょうしょう》、天日昭昭（天は全てを見ている）」と書き残して獄中で誅殺《ちゅうさつ》された。こうした悲劇的な末路も、岳飛人気の一因であろう。

## Profile

1951年生まれ。
慶應義塾大学経済学部卒業後、野村證券入社。
78年、英国ケンブリッジ大学経済学部卒業。
92年、野村證券事業法人三部長。
95年、孫正義氏の招聘によりソフトバンク入社、常務取締役に就任。
現在、SBIホールディングス代表取締役執行役員社長。
主な著書は『仕事の迷いにはすべて「論語」が答えてくれる』(朝日新書)、
『何のために働くのか』(致知出版社)など多数。

## 第1章

# 論語に学ぶ人生学

『論語』は人生の本質的な問いに答えを示す、
人生学の書と言っていい。
大きな壁にぶつかったとき、あるいは人間関係につまずいたとき、
ヒントになる言葉がきっと見つかるはず。
仕事に対する迷いを解消してくれる珠玉の言葉を紹介する。

SBIホールディングス代表取締役執行役員社長
北尾 吉孝（きたお・よしたか）

論1語

何のために働くべきか

# 自分の生き方は四十歳までに確立させる

吾《われ》十有《ゆう》五にして学に志す。三十にして立つ。四十にして惑《まど》わず。五十にして天命を知る。六十にして耳順《みみしたが》う。七十にして心の欲する所に従って矩《のり》をこえず

〈訳〉 わたしは十五歳で学問に志し、三十歳で志を立て、四十歳で迷いがなくなり、五十歳で天命をわきまえるようになった。六十歳で人の言葉が素直に聞けるようになり、七十歳で思うまま振る舞っても道を外れないようになった。

## ■四十歳で下される自分の評価

右の章句は、孔子が自分の生涯を振り返って語った世界一短い自伝と言われているものだ。人生の区切りとな

### ビジネスにおける40歳というポジション

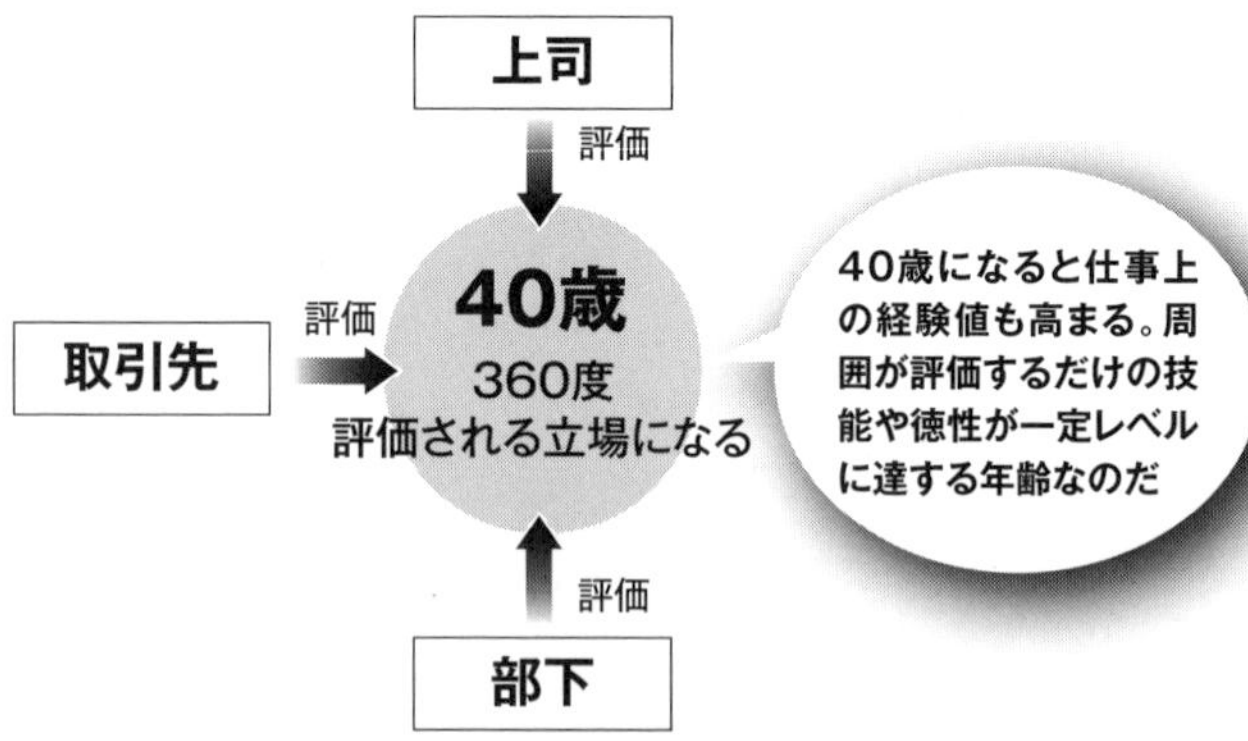

上司
評価
取引先
評価
40歳
360度
評価される立場になる
評価
部下
40歳になると仕事上の経験値も高まる。周囲が評価するだけの技能や徳性が一定レベルに達する年齢なのだ


**伝授**

孔子は、「後輩・後進というものは大いに畏敬しなければならない。後から来た者が、どうして今の自分に及ばないといえようか。一方、40歳・50歳になっても何一つ評判が立たない人は恐れるには足りない」とも述べている。

### 各年齢での目標とすべき到達点

| | |
|---|---|
| 15歳 | 勉学に励む。得意分野などを限定せずに幅広く学ぶ。 |
| 30歳 | 自分が選んだ分野を生業《なりわい》として、それで食べていけるようになる。 |
| 40歳 | 物事の道理が分かるようになり、大きな判断で迷うことがなくなる。 |
| 50歳 | 本当に自分が成し遂げるべき大きな仕事に出会う。 |
| 60歳 | 良くても悪くても周りの人の言葉や評価を素直に受け入れられるようになる。 |
| 70歳 | どんな行動をしても、決して道から外れなくなる。 |

る各年齢において、どう生きればよいかを簡潔にまとめている。

これは、年齢に応じて仕事への姿勢や生き方を変えるという意味ではない。二十歳であろうと五十歳であろうと、目の前にある仕事を一生懸命こなすことに変わりはない。ただし四十歳になると、自ずと周囲からの評価が定まるようになる。自分の人生を懸命に生きてきたのか、あるいは漫然と歳を重ねてきたのか。つまり、**四十歳になっても周囲から評価されず、仕事の芽が出ていないようでは、残念ながら人生の決着はほぼついてしまっているということになる。**

## ■いかに土台を固めるか

では、「四十にして惑わず」という状態に達するためにはどうすればよいのか。「艱難汝《かんなんなんじ》を玉《たま》にす」という言葉があるが、人は辛く厳しい体験をすればするほど強くなり、さまざまな知恵が身につく。まずは、二十代・三十代にできるだけタフな経験を積み、成長の土台を固めるべきであろう。その積み重ねが、四十代以降にその人が達する人物のレベルを決める。人物は一朝一夕《いっちょういっせき》で形成されるものではないことを肝に銘じておこう。

論2語

新入社員の心得

# 社会人最初の十年がベクトルを定める

**性《せい》、相《あ》い近し。習《なら》えば、相い遠し**

〈訳〉生まれたときは誰でも似たり寄ったりで、そんなに大きな差はない。その後の習慣や学習の違いによって、大きな差が出てくる。

## ■素直な姿勢が成長の糧になる

人間、生まれてきたときの違いはほとんどない。社会人として働きはじめた当初も、家庭環境や学生時代の勉学によって若干の差は出るものの、まだドングリの背比べと言っていい。しかし、そこから十年、十五年と実社会で生きていくうちに少しずつ差が生まれ、気づいたときには挽回不可能な状態に陥ってしまう。

その原因は、新入社員として働きはじめるときの心構えにある。はじめて社会に出る二十代は、物事を一番吸収できる貴重な時期だ。**たとえ自分が想像していた仕事と違っていても、まず自分が教えて貰う身であることを思い、素直に仕事に励んでみよう。**仕事をかじった程度の頃に抱く好き嫌いの判断で、仕事の向き不向きを考えるのはチャンスを捨てているのと同じこと。腰を据えて、辛抱強く素直に仕事に向かうことが大切であろう。

## ■仕事を「深く」知る

腰を据えて仕事をするためには、担当している仕事を深く知る必要がある。その仕事は会社の中でどんな位置づけなのか、一段高い目線から仕事の意味づけをしてみるといいだろう。自分の仕事が会社や同僚にとって大切なことだと思えれば、仕事を好む段階に至れる。もっとも、仕事を楽しむ境地に入るのは二十代では難しいものだと考えよう。

## ビジネスパーソンの差はどう生まれるか

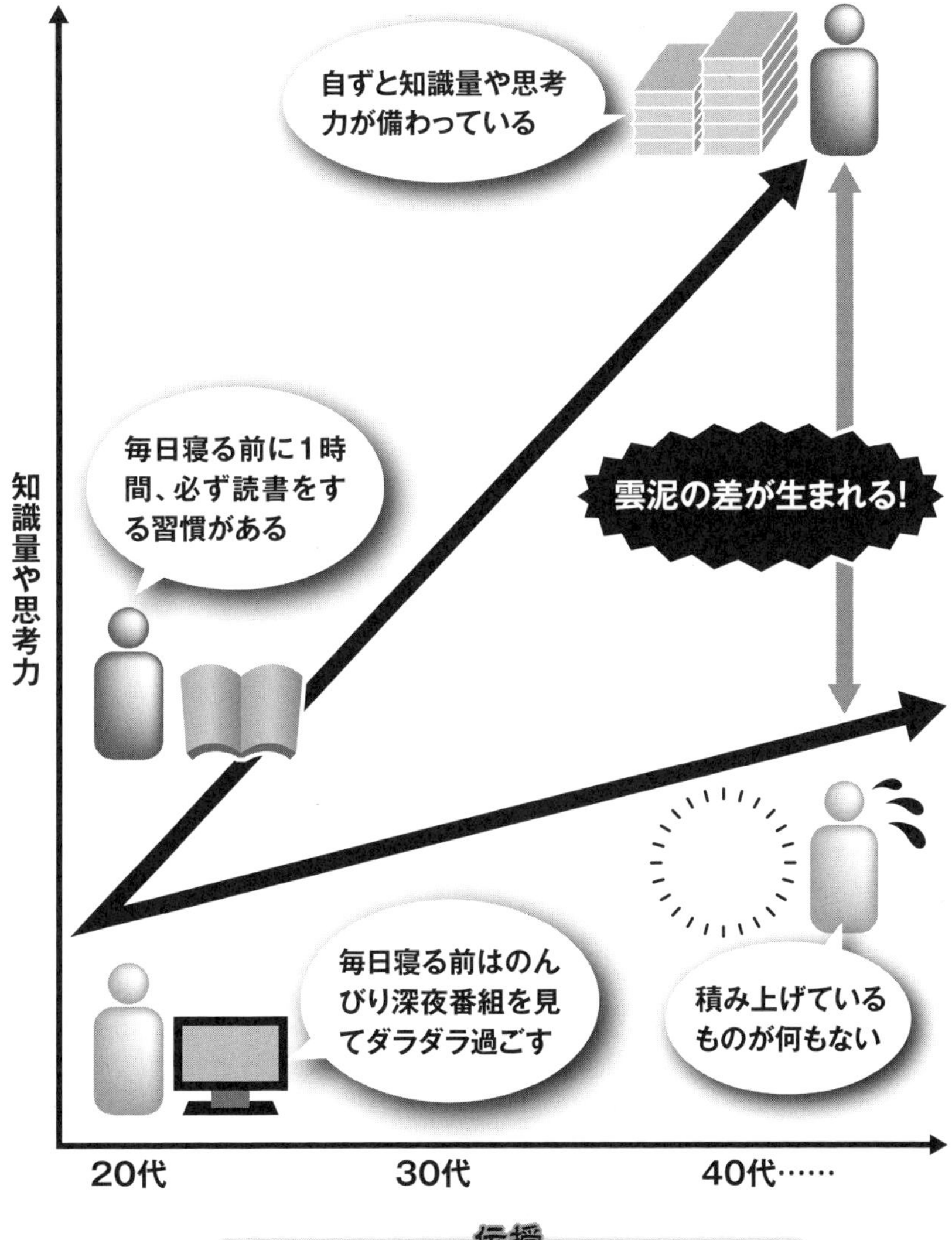
自ずと知識量や思考力が備わっている
毎日寝る前に1時間、必ず読書をする習慣がある
雲泥の差が生まれる!
知識量や思考力
毎日寝る前はのんびり深夜番組を見てダラダラ過ごす
積み上げているものが何もない
20代
30代
40代……

### 伝授

ビジネスの世界では、日々の努力で能力の差がつく。難しい専門書を読む場合も、理解できなければもう一度読み返す時間を確保するなど、毎日の小さな積み重ねが大きな差を生む。

論3語

周囲の評価と自己の関係

# 評価される人間は自己研鑽《けんさん》を怠らない

**人の己《おのれ》を知らざることを患《うれ》えず、己の能《のう》なきを患う**

〈訳〉人が自分を評価してくれないことを憂えるのではなく、自分の能力が足りないことを憂えるべきである。

## 周囲の人を見て自己を磨く

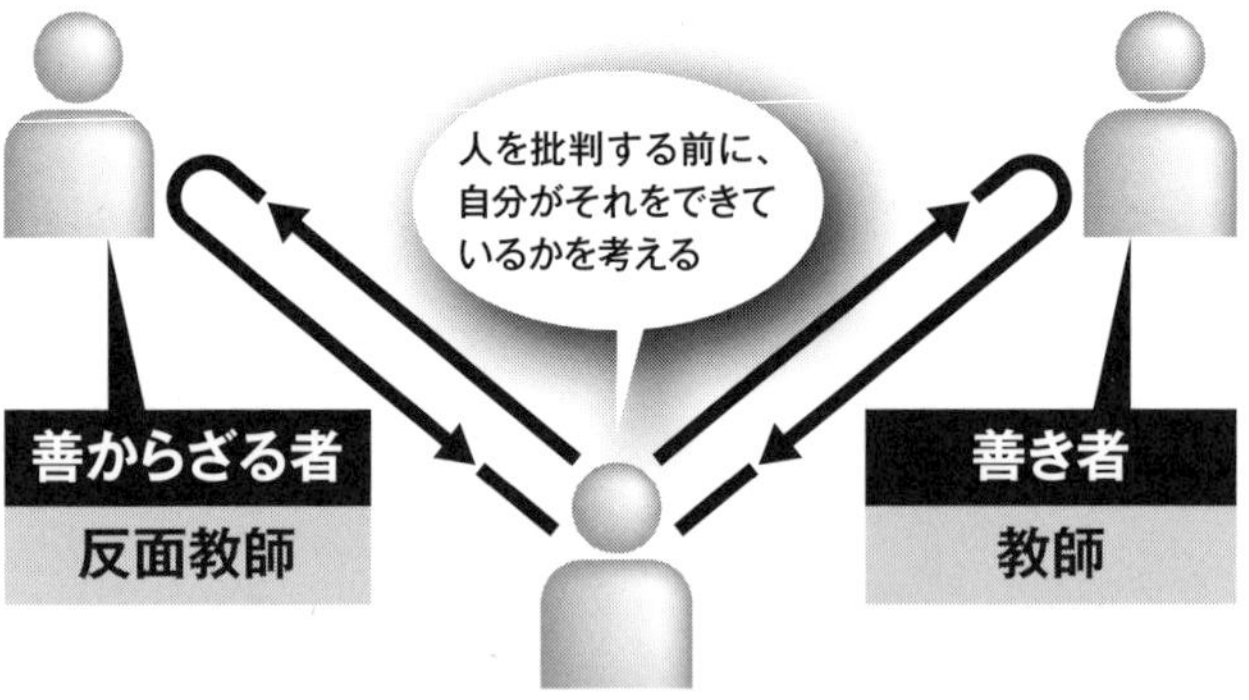

人を批判する前に、自分がそれをできているかを考える
善からざる者
反面教師
善き者
教師


**伝授**

孔子は「其（そ）の善き者を択（えら）びてこれに従う。其の善からざる者にしてこれを改（あらた）む」と説いている。良いものを持っている人からはその部分を積極的に学び、良くない人は反面教師と考えて学ぼうという意味だ。

## ■批判の目は相手に向けず自分に向ける

人は誰しも、自分には寛大だが他人に厳しくしてしまう性《さが》がある。そのため、周囲の評価と自己評価との間に差が生まれ、「評価されていない」などのネガティブな感情が芽生えがちだ。しかし孔子は、そうした部分を改め、評価されないのは自分にそれだけの能力がないからだと思いなさいと説いている。

さらに、部下は上司に対して、「あの人は人を見る眼

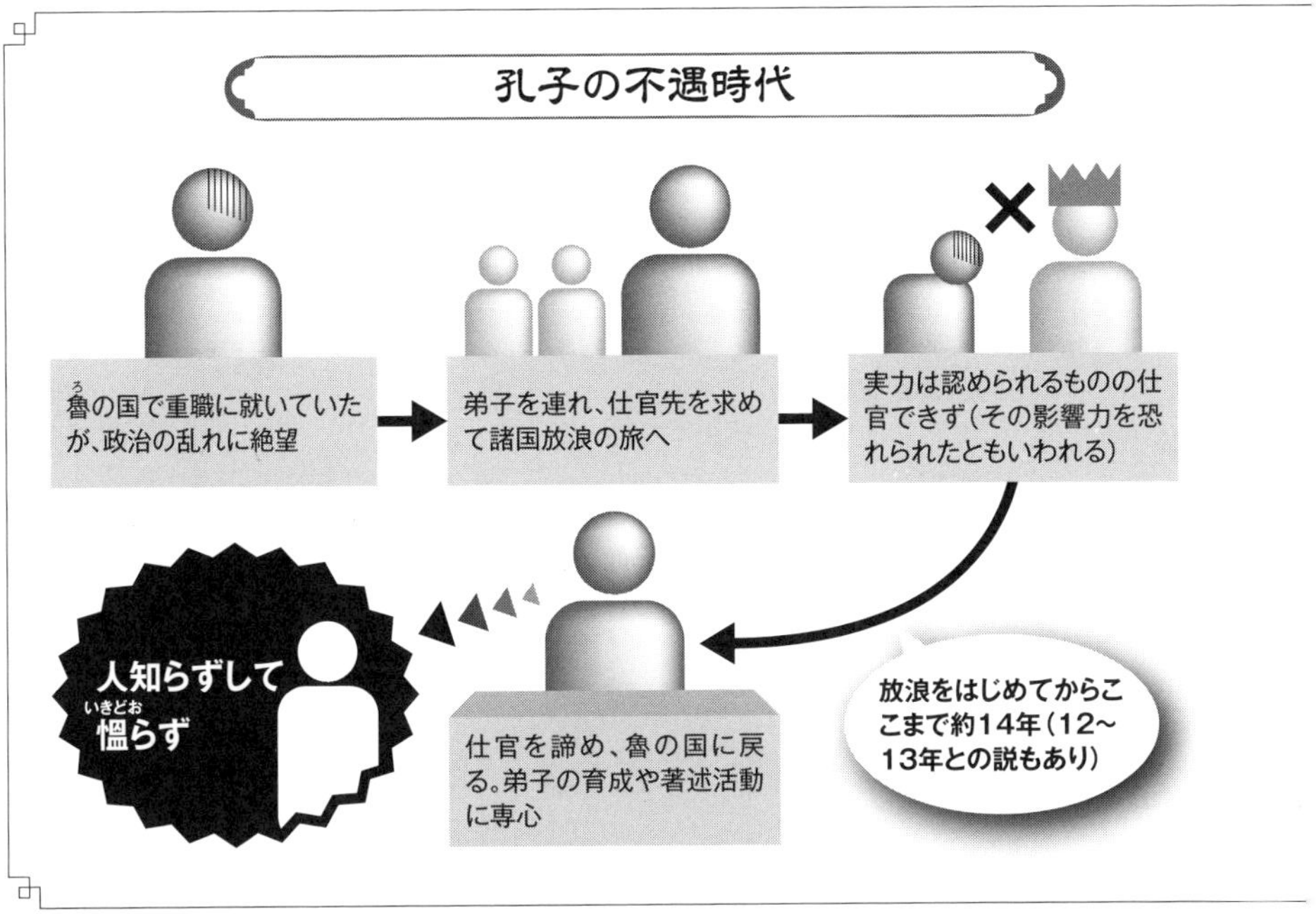
孔子の不遇時代
魯《ろ》の国で重職に就いていたが、政治の乱れに絶望
弟子を連れ、仕官先を求めて諸国放浪の旅へ
実力は認められるものの仕官できず（その影響力を恐れられたともいわれる）
放浪をはじめてからここまで約14年（12～13年との説もあり）
仕官を諦め、魯の国に戻る。弟子の育成や著述活動に専心
人知らずして慍《いきどお》らず

がない」、「あの人は能力もないのに、世渡りばかり上手い」など、批判の目を向けてしまいがちだ。しかし、翻《ひるがえ》って自分は、人を見る眼を本当に養っているのだろうか。日々能力を磨く努力をしているだろうか。もし怠っているとすれば、自分が上司になったとき、同じ批判にさらされることになる。

大切なのは、相手に目を向けることではなく、まず自分を顧みること。**自己研鑽に励み、人を公正に見る眼を養ってきた人物は、みなに畏敬の念を抱かれる。**そしてその人物の真似をするようになる。本当の評価とは、そうして伝播していくものであろう。

Column

## 自己を得るという永遠のテーマ

人は自分自身のことが一番見えていない。そのため昔から、さまざまな学者達が「自己を得る」ことの大切さを説いてきた。『論語』もまたその重要性を説いている。『老子』にも「人を知る者は智《ち》なり、自らを知る者は明《めい》なり」という言葉があるし、ソクラテスもアポロン宮殿の柱に刻まれていた「汝自身を知れ」の言葉を哲学活動の根底においていたという。ゲーテもまた、「人生は自分探しの旅である」という言葉を残している。

学問とは、「自己を得る」ために行うものだといえよう。

論4語

君子と小人の視点の違い

# 仕事における「義」と「利」の両立

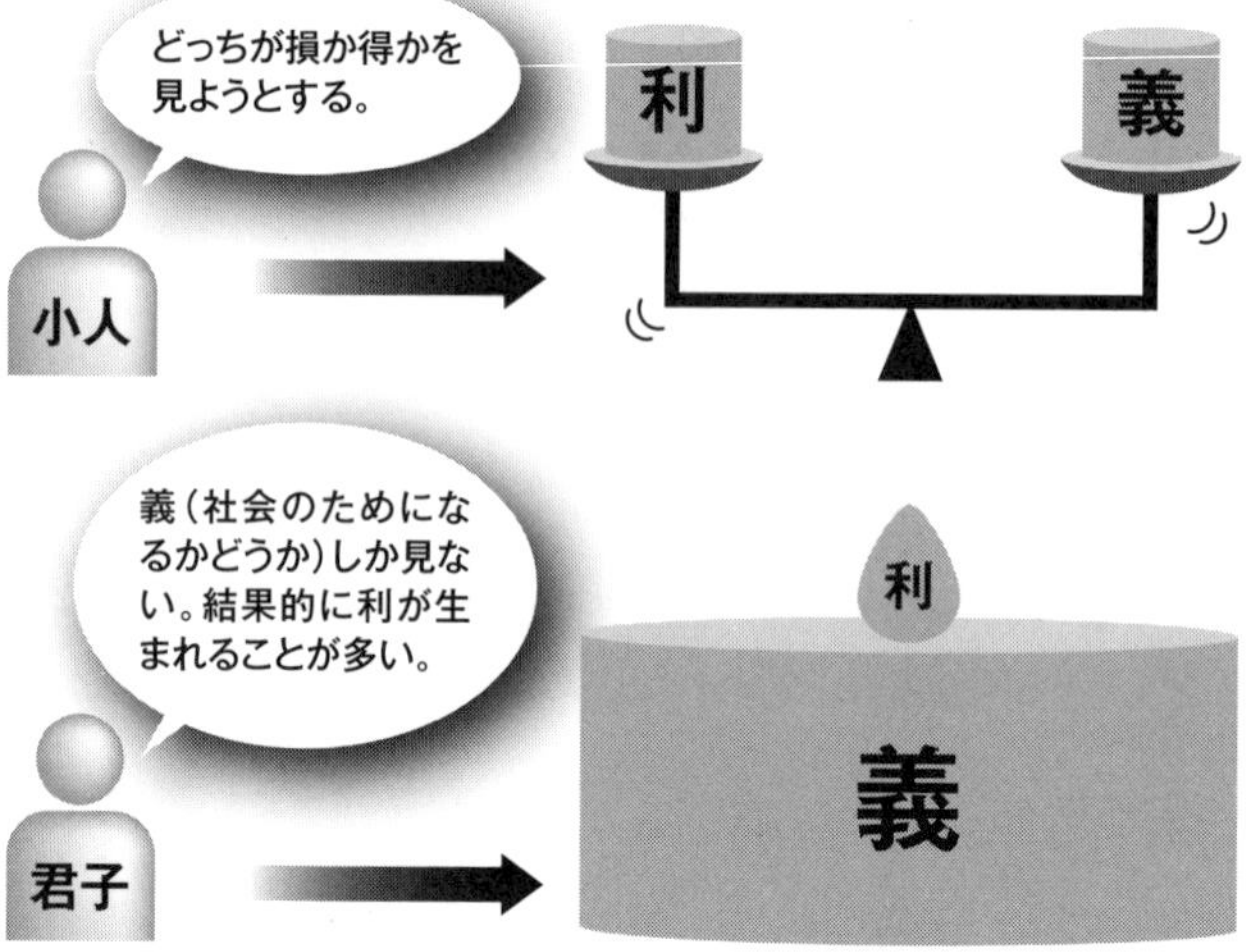
どっちが損か得かを見ようとする。
小人
利
義
義（社会のためになるかどうか）しか見ない。結果的に利が生まれることが多い。
君子
利
義
小人と君子の視点の違い

**君子《くんし》は義に喩《さと》り、小人《しょうじん》は利に喩る**

〈訳〉物事を処理するにあたって、君子は、自分の行動を社会正義に照らして正しいかどうかを判断するが、小人は損得で自分の行動を決める。

## ■「義」と「利」は両立させられる

普段から営業ノルマに追われている若いビジネスパーソンにとっては、義と利を両立させることなどきれいごとに聞こえるかもしれない。利益を上げないと給料に響く上、家族を養っていくのも難しくなる。生活が苦しい状況だと、自分の利益を確保する方向へ走りがちだ。

　しかし、考えてみてほしい。利を追求することで、お客様との信頼関係を築けるのだろうか。販売している商

## 利を求めたことで起きた主な企業不祥事

| 西暦 | 事件名 | 概要 |
|---|---|---|
| 2007 | **ミートホープ牛肉偽装事件** | 豚肉等が混入された挽肉を牛挽肉として販売するなど、数々の不適正な行為を行っていたことが発覚。破産に追い込まれた。 |
| 2008 | **船場吉兆を巡る産地偽装事件** | 贈答用商品や料理に出す牛肉・鶏肉の産地・品種偽装にはじまり、食べ残しを使い回していたことまで発覚。破産に追い込まれた。 |
| 2011 | **大王製紙事件** | 創業家会長が、個人的な用途のために子会社から巨額の借り入れをしていたことが発覚。刑事事件に発展した。 |
| 2011 | **オリンパス事件** | 10年以上の長期にわたって巨額の損失を隠蔽（いんぺい）し、不正な粉飾（ふんしょく）会計によって処理していたことが発覚。上場廃止の瀬戸際まで追い込まれた。 |

**伝授**
利を求めたことで信頼を失い、義も利も失った例は、枚挙《まいきょ》にいとまがない。

品がお客様に本当に喜ばれるのだろうか。

不況にあえぐ昨今、小利に走って失敗した企業は多数存在するが、義に走って失敗した企業は存在しない。つまり、**物事を長期的に見れば、義を求めたとしても結果的には利を得ることになる。**働くという文字は、「傍《はた》を楽にする」という意味でもある。まずは目先の利のためではなく、社会や人を喜ばすために行動しよう。「利に放《よ》りて行えば、怨《うら》み多し（利益目的で行動すれば、人の怨みを買ってしまう）」である。

## ■言うべきことを言う

では、企業自体が義を軽んじ、利を追求している場合はどうすればよいのか。孔子の答えは極めて明快だ。「義を見て為《なさ》ざるは、勇なきなり（正義だと分かっているのに行動しないのは臆病者である）」。言うべきことは言わねばならない。

とはいえ、社会正義に反していると分かっていても、実際に口に出して反対意見を言うことは容易ではない。しかし、「徳は孤《こ》ならず、必ず隣《となり》あり」。普段から正しいことを行っている人間が孤立することはない。必ず助けてくれる人が現れよう。

論5語

人の使い方と仕事の効率化

# 上司になってから「伸びる」ためのコツ

中間管理職と平社員の役割の違い

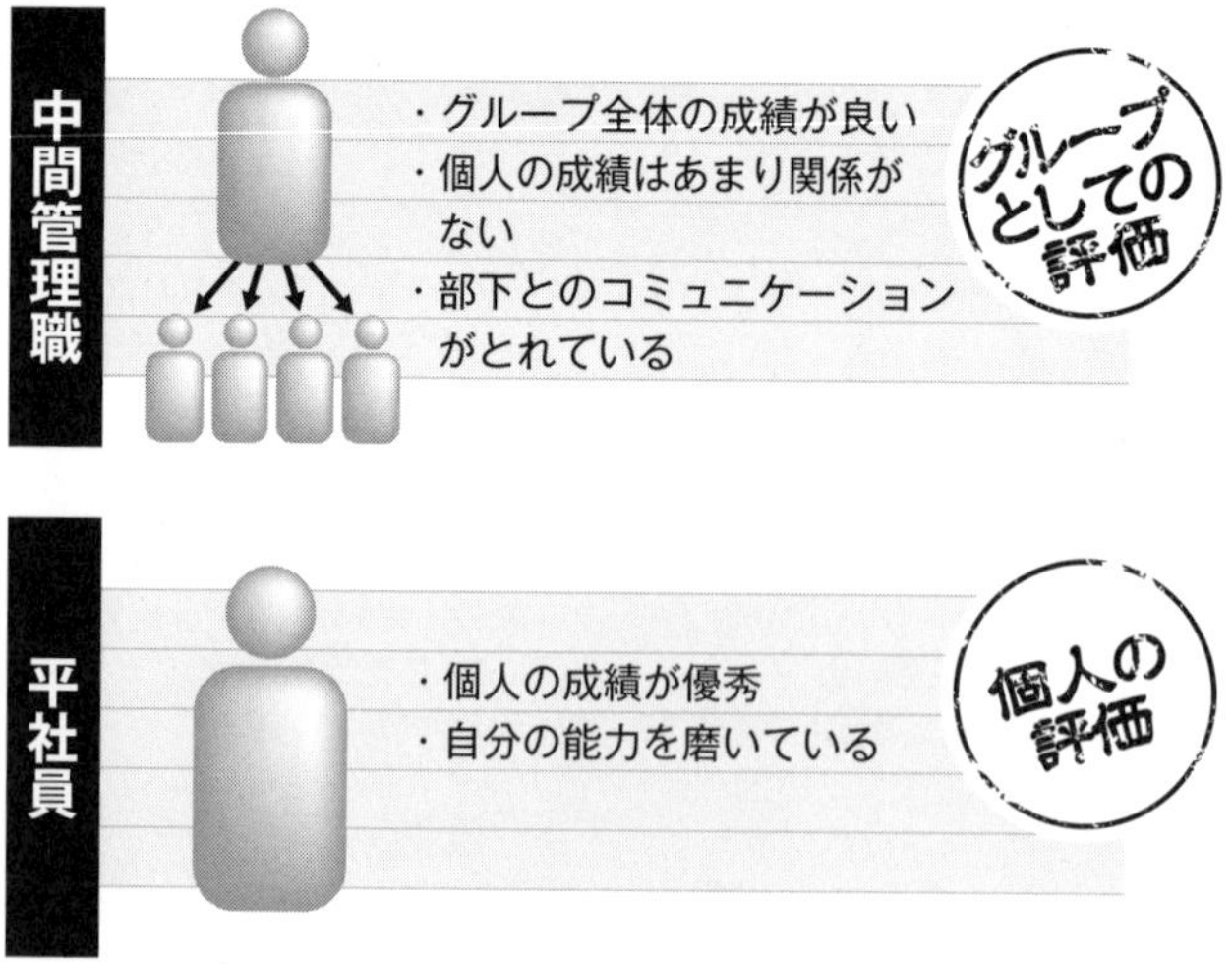
中間管理職
・グループ全体の成績が良い
・個人の成績はあまり関係がない
・部下とのコミュニケーションがとれている
グループとしての評価
平社員
・個人の成績が優秀
・自分の能力を磨いている
個人の評価

**君子は小知《しょうち》すべからずして、大受《たいじゅ》すべし。小人は大受《たいじゅ》すべからずして、小知《しょうち》すべし**

〈訳〉
君子は小さい仕事には向かないが、大きい仕事は任せることができる。
小人は大きな仕事には向かないが、小さな仕事は任せることができる。

## ■上司になって伸びる人と止まる人

平社員時代に高い評価をもらっていた人が、課長や係長になると急に評価が落ちるというケースは実に多い。平社員と中間管理職とでは、組織の中で求められる役割が大きく変わるためだ。人を使う仕事と個人でこなす仕

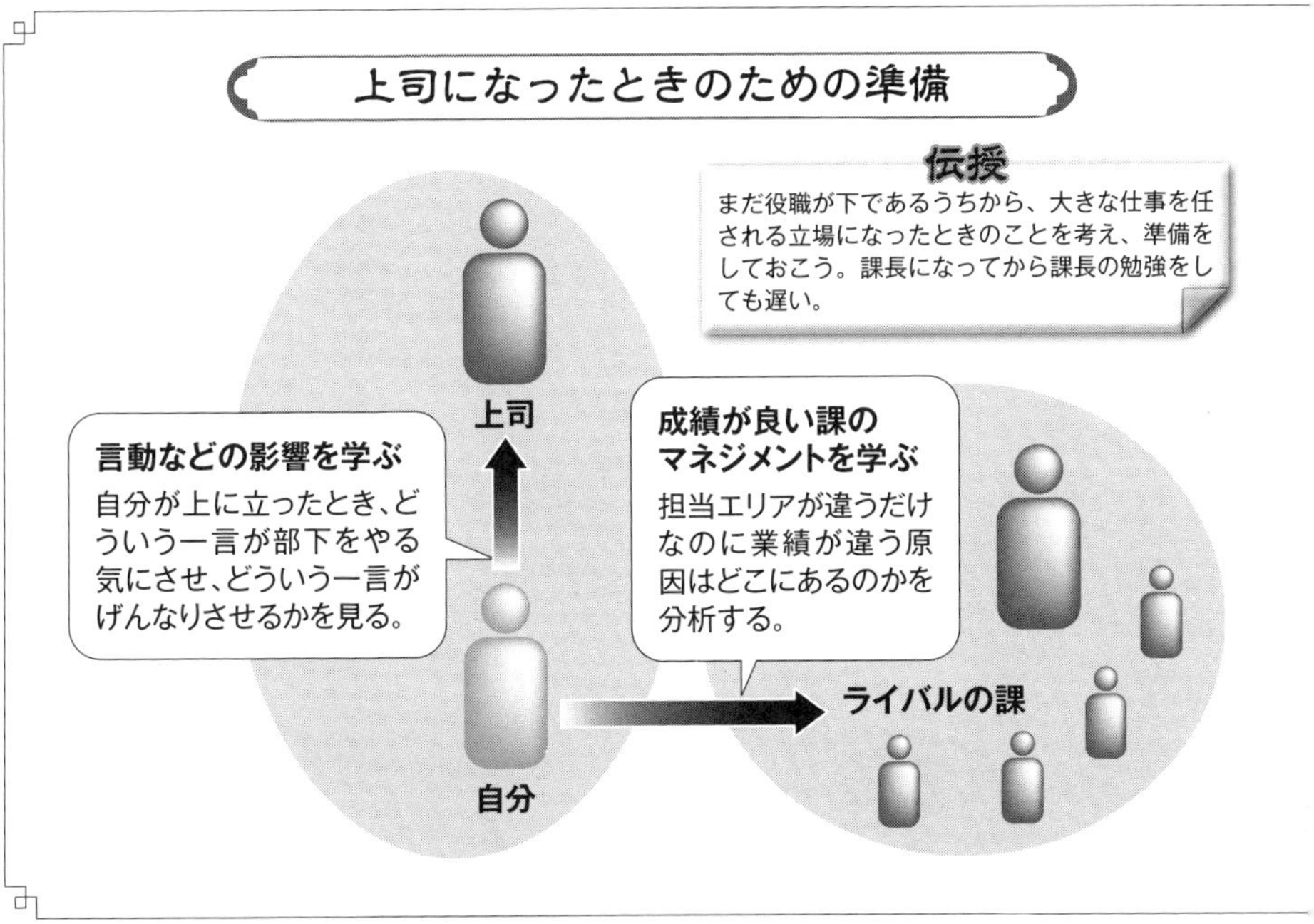
上司になったときのための準備
伝授
まだ役職が下であるうちから、大きな仕事を任される立場になったときのことを考え、準備をしておこう。課長になってから課長の勉強をしても遅い。
上司
言動などの影響を学ぶ
自分が上に立ったとき、どういう一言が部下をやる気にさせ、どういう一言ががげんなりさせるかを見る。
自分
成績が良い課のマネジメントを学ぶ
担当エリアが違うだけなのに業績が違う原因はどこにあるのかを分析する。
ライバルの課

事の違いともいえる。

人の使い方には、使用・任用・信用の三種類がある。使用は単に下の立場の人を使うこと。任用は役目を与えて任せること。信用はその人を信頼し、全て任せてしまうこと。このうち部下がもっともやる気を起こしてくれるのは、信用だ。上司になり、部下の数が増えれば増えるほど、信用をいかに多く取り入れられるかどうかが問われてくる。

## ■人に任せるための方法

では、どのように三つの用い方を判断すればよいのか。それは、**まず仕事に優先順位をつけることだ。重要な仕事か否か、緊急か否か。この二軸のみでも充分に優先順位の把握はできる。**そうすれば、どの仕事をどの部下に任せるべきかが自ずと見えてくる。

また、仕事を任せたことで生まれる時間も、有効に活用すべきだろう。「忙」は心を亡くすと書くとおり、気持ちを後ろ向きにさせる。これでは良いアイデアも生まれない。心が落ち着く時間を意図的に作り、自分の行動を振り返ったり、仕事の達成感を噛みしめたりすれば、新しいエネルギーも湧いてこよう。

論6語

人を見る眼の養い方

# 三つの視点で深層心理を見抜く

其《そ》の以《もっ》てする所を視《み》、
其の由《よ》る所を観《み》、
其の安んずる所を察《さっ》すれば、
人焉《いずく》んぞ廋《かく》さんや、人焉んぞ廋さんや

〈訳〉その人の行為をよく視て、なぜその人がその行動をとったのかを観て、その行為を行った後に満足しているかどうかを察すれば、どんな人でも隠し通すことはできない。隠し通すことはできない。

## ■部下の長所を見る

組織運営では、それぞれのメンバーの長所を結集し、有機的に機能させることが求められる。そのため上司の立場にある人間は、部下の能力を最大限活かすための人材配置を考えなければならない。

「君子は人の美を成す。人の悪を成さず。小人は是《こ》れに反す（君子は人の長所を見て伸ばそうとし、悪い点は成り立たないようにするが、小人はこれと反対のことをする）」という孔子の言葉がある。上司は部下の長所を的確に把握し、長所を伸ばすための手を打たなければならない。無論そのためには人を見る眼を持つ必要がある。

## ■三つの視点で人を評価する

では、人を見る眼を養うためにはどうすればよいか。

孔子は「視・観・察」の三つの視点で人を見るべきだと説いている。つまり、**行為自体を「視」て、動機や理由を「観」て、行為の目的を「察」するのだ。**これらの視点で人を客観的に評価することができれば、その人がどんな性格をしていて、どんな仕事に向き、どんな志を持っているのかが把握できる。人材起用において見誤る可能性が大きく減少するに違いない。

## 3つの視点で部下の本質を見極める

**「人焉んぞ廋さんや」**
つまり、どんな人も自分の本質を隠し通すことは不可能!

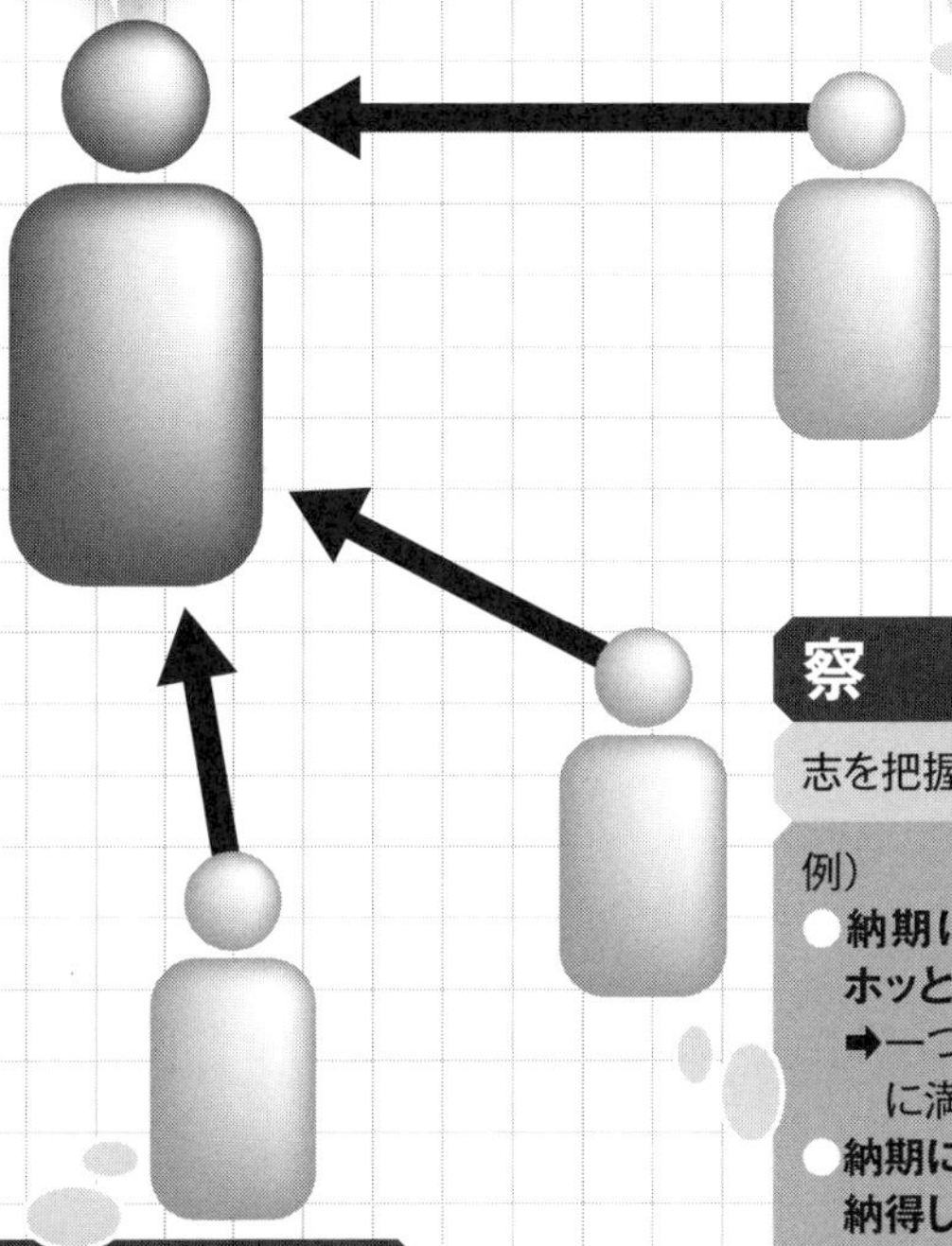

**視**

技術的にどのレベルにあるのか、能力的にどの程度こなせるのかを把握できる。

**察**

志を把握できる。

例)
- **納期に間に合っただけでホッとしている**
  ➡一つの仕事を終えることに満足する人
- **納期に間に合っただけでは納得していない**
  ➡クオリティの高いものに仕上げないと満足できない人

等

**観**

自分の利益のために行動しているのか、あるいは社会正義のために行動しているのかを把握できる。

**伝授**

「視・観・察」に照らし合わせて部下を見て、気持ちが曲がっている人物だと分かった場合、真っ直ぐな正直者を上司に据えるのがよいと孔子は説く。やがて、下にいる曲がった者も真っ直ぐになっていく。

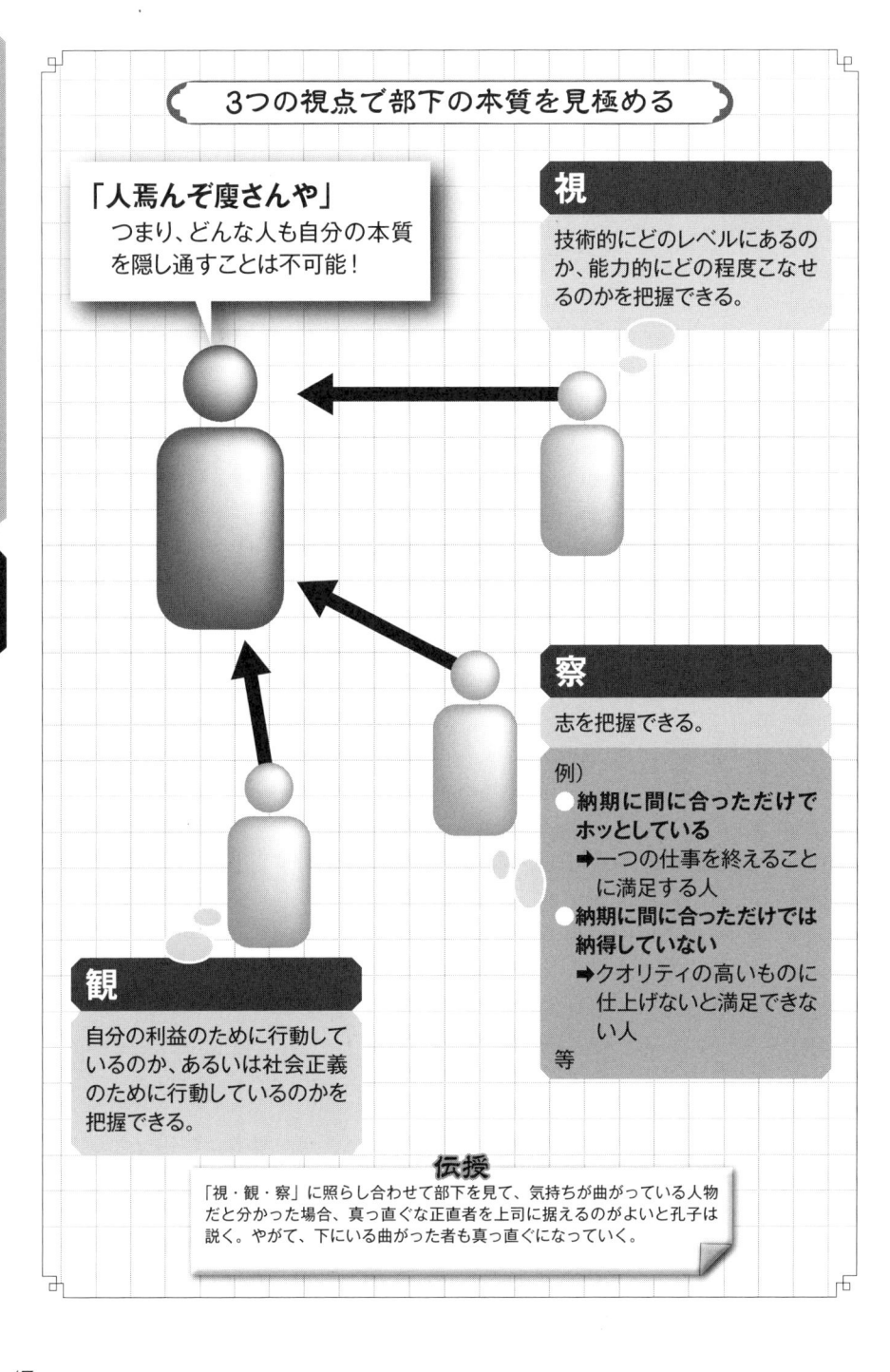

# 論7語

## 人を治めるための心得

# リーダーが備えるべき五つの道徳を磨く

**其《そ》の身正しければ、令《れい》せずとも行わる。其の身正しからざれば、令すと雖《いえど》も従わず**

〈訳〉

自分自身が正しくあれば、命令などしなくても人々は行動する。自分自身が正しくなければ、命令しても人々は従ってくれない。

## ■自分を修めるために精進する

『論語』に限ったことではないが、東洋思想の根底には、社会や人を導くならば、まず自分が正しくあれという考え方がある。どんなに知識や技術に長けていたとしても、それだけでは部下は動かない。上司が率先垂範《そっせんすいはん》してこそ、

### 五常とは何か

| | |
|---|---|
| 仁 | 思いやりの気持ちのこと |
| 義 | 正義のこと。人が行動する上で通さなければならない筋道 |
| 礼 | 集団で生活する上で守らなければならない秩序のこと |
| 智 | よりよい生活をするために出すべき知恵のこと |
| 信 | 信頼のこと。社会基盤やそこで生活している人に対する絶対的信頼 |

**ビジネスでは特に「仁·義·信」が大切になる**

## 「仁」と「信」にまつわる孔子と弟子のエピソード

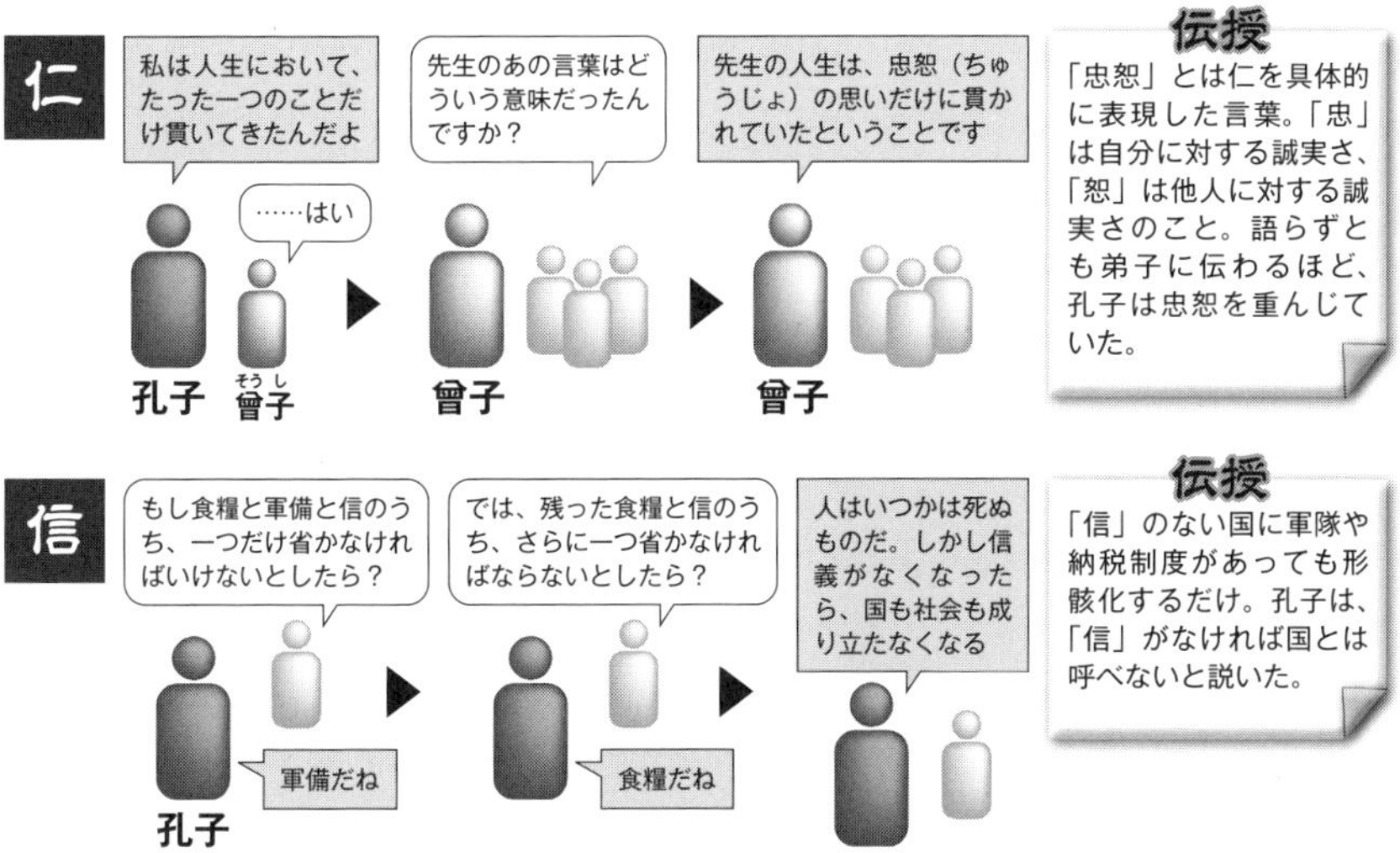
仁
私は人生において、たった一つのことだけ貫いてきたんだよ
……はい
孔子
曾子《そうし》
先生のあの言葉はどういう意味だったんですか？
曾子
先生の人生は、忠恕（ちゅうじょ）の思いだけに貫かれていたということです
曾子
伝授
「忠恕」とは仁を具体的に表現した言葉。「忠」は自分に対する誠実さ、「恕」は他人に対する誠実さのこと。語らずとも弟子に伝わるほど、孔子は忠恕を重んじていた。
信
もし食糧と軍備と信のうち、一つだけ省かなければいけないとしたら？
軍備だね
孔子
では、残った食糧と信のうち、さらに一つ省かなければならないとしたら？
食糧だね
人はいつかは死ぬものだ。しかし信義がなくなったら、国も社会も成り立たなくなる
伝授
「信」のない国に軍隊や納税制度があっても形骸化するだけ。孔子は、「信」がなければ国とは呼べないと説いた。

はじめて部下は使命感を持ち、実践しようという心構えになる。これを、「修己治《しゅうこち》人《じん》（己を修めて人を治める）」という。

では、修己治人を実践するためには何が必要なのか。儒学では、「仁・義・礼・智・信」の五常《ごじょう》を磨くことが大切だと説いている。

**リーダーに求められる一番の条件は、五常を誰よりもよく修めていることだ。それを充分に発揮してこそ、周りの人間もリーダーについてくる。**とりわけ「仁・義・信」は、まず体得しなければならない必要条件だといえよう。

Column

### 五常とともに必要な「勇」

いくら五常を身につけたとしても、それを行動に移さなければ意味がない。人の学習には「知識・見識・胆識」の３つの段階がある。理解や記憶力によって得られるものが「知識」、そこに善悪の判断が加わったものが「見識」、さらに見識を実現するために何かを決定し行動するものが「胆識」だ。この胆識の段階に至らなければ、本当の意味で学んだとは言い難い。

そこで必要になってくるのが「勇」である。行動に移す勇気を備えてはじめて、その人の力が生きる。人の上に立つ人間であれば、必ず身につけておきたい。

## 論8語

### 指導・育成の注意点

# 部下を伸ばす叱り方と潰す叱り方

## ■叱るときの四つのタブー

下の章句には、政治を行う際にやってはいけない四つの悪が挙げられている。そしてこれは、上司が部下に対してやってはいけない四つの悪とも言い換えられる。

要は、上司は自分を部下の立場に置いてみて、不条理だと思うことを部下にしないことだ。部下を叱るときには特にこれが大切になる。また、**部下を叱るときには公平無私な態度で接するべきだと孔子は説いている。**

では、公平無私な態度で叱る際の明確な基準とは、どういうものなのか。それは、前項で紹介した「五常《ごじょう》」に反しているか否かで判断するのがよい。

しかしこの場合、反している程度の大小によって態度を変えてはならない。つまり、お客様に対する少しの不義も、企業を揺るがす大きな不義も、等しく不義だと捉えて公平に叱ることが大切になる。なぜなら、叱られた部下がはっきりと基準を把握できなければ、同じ過ちを繰り返すことになりかねない。また、叱る場合も褒める場合もみんながいる前で行うのが理想であろう。基準を全員で共有することができるからだ。

**教えずして殺す、これを虐《ぎゃく》と謂《い》う。**
**戒《いさ》めずして成るを視る、これを暴《ぼう》と謂う。**
**令《れい》を慢《ゆる》くして期《き》を致《いた》す、これを賊《ぞく》と謂う。**
**猶《ひと》しく人に与うるに出内《すいとう》の吝《やぶさ》かなる、**
**これを有司《ゆうし》と謂う**

〈訳〉
きちんと教えてもいないのに、それができなかったからといって殺す。これを虐という。忠告を与えることもなくいきなり成績を調べて評価する。これを暴という。きちんと指示を出していないのに期日どおりにできないといって罰する。これを賊という。出すべきお金なのに出し惜しみをする。これを小役人根性という。

## 褒めるときと叱るときの注意点

### 褒めるとき

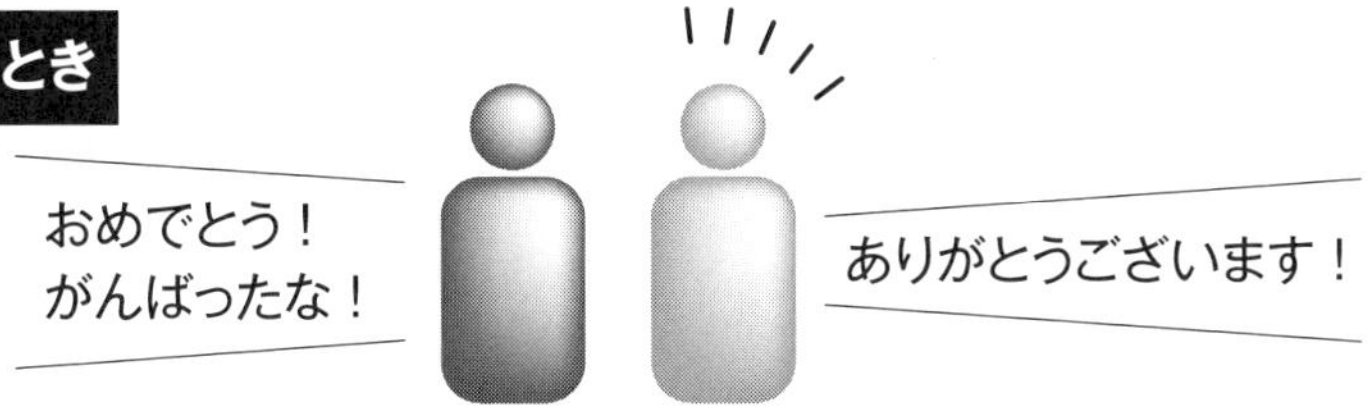
おめでとう！
がんばったな！
ありがとうございます！

**効果的に部下を褒めるためには、日頃から部下の行動や言動を見ておく必要がある。**

- 部下に対する評価は公平に。
- 褒めた後に自信が芽生えるような言葉で。
- 褒めている理由や行動が明確に伝わるように。

### 叱るとき

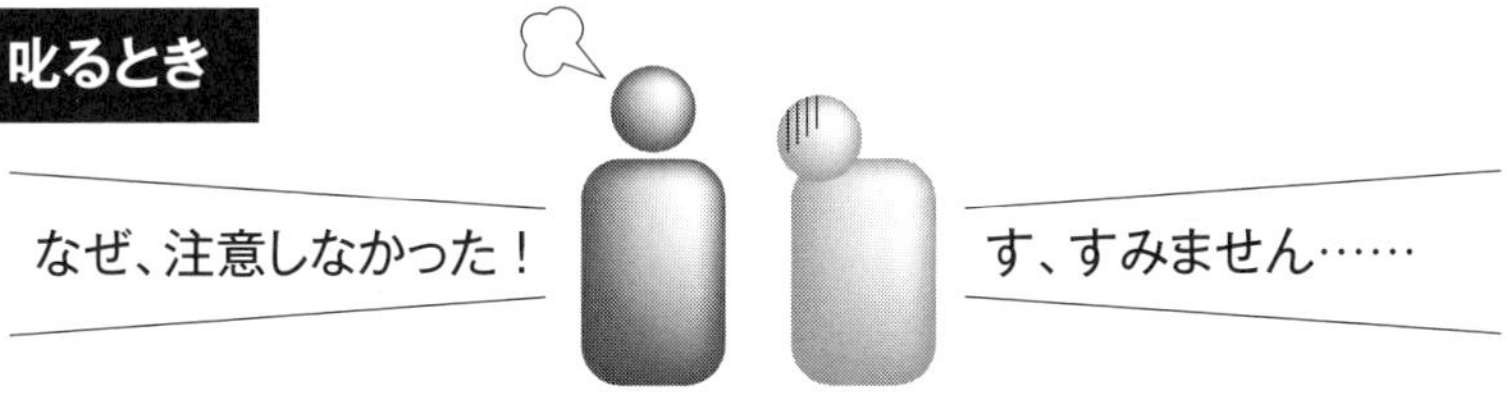
なぜ、注意しなかった！
す、すみません……

**二度三度同じことを叱っても直らない場合、業務が合っていない可能性もある。配置転換などのフォローも忘れてはならない。**

- 自分の「怒りを遷《うつ》さず（八つ当たりしない）」に。
- 何に対して叱られているのかが明確に伝わるように。
- 「叱られる行為」を明確にするため人がいる前でも叱る。
- しかし必要以上に落ち込ませたり、萎縮させたりしないように。
- 叱った数分後に顔を合わせたときは、何事もなかったように接し、後に引きずらない。

論9語

成功と失敗は紙一重

# 運を味方につける三要素の実践

**死《し》生《せい》命《めい》有り、富貴《ふうき》天に在り**

〈訳〉生きるか死ぬか、これはまさに天命である。そしてお金持ちになるか貴くなるか、これもまた天の配剤によるものである。

## ■無駄な努力はない

いくら努力を積み重ねても全然報われないという体験をしたことがある人は多いと思う。しかしそれは、結果として運が良いかたちで展開しなかっただけで、努力が全く無意味だったと解釈するべきではない。

本気で努力をしたのであれば、その途中で気づいたことや、今までとは異なる物の見方などが得られているはずだ。そうした積み重ねが、人を運気の強い方へ強い方へと導いていく。つまり、**運を引き寄せるには「努力」、「粘り」、そして「誠実さ」が重要になる。**

## ■天命を知り、割り切る覚悟

それでも運を味方につけられない場合、いったん自らの働き方を顧みることをおすすめしたい。失敗したとき別の方法はなかったか。あるいは自分に悪いところはなかったか。幸運や勝機が訪れているにもかかわらず、それを掴めていないというケースもあり得る。すなわち「縁を活かす力」が不足していたため、運を逃しているのかもしれない。

では、どうすれば縁を活かすことができるのか。それは、その人の人間力に大きく影響される。縁は、自分に見合ったレベルの中で得られるもの。立派な人と縁を結びたいと思えば、自分が一生懸命努力をし、人間力のレベルを上げる必要がある。

## 人間力のレベルによって縁が変わる

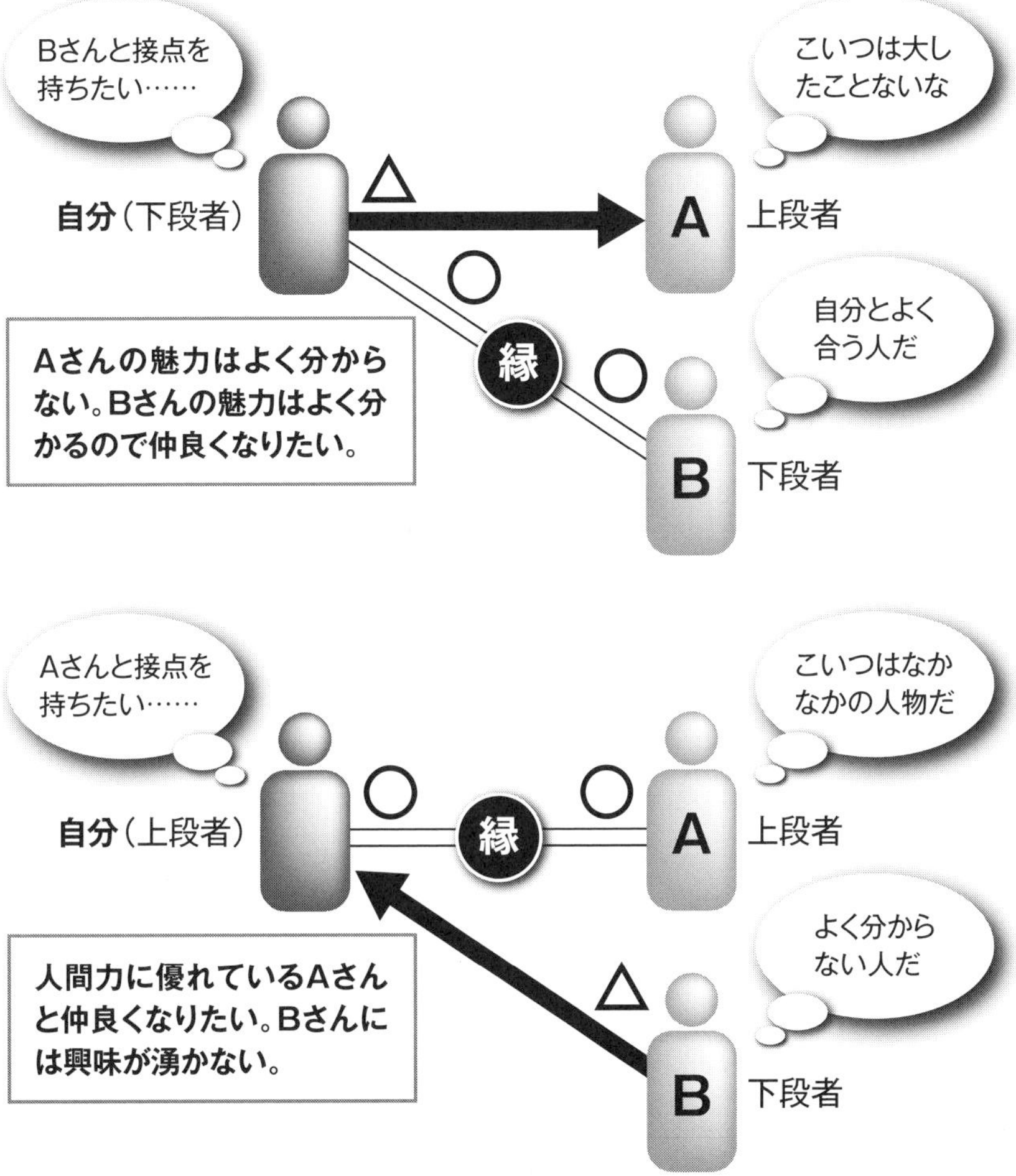
Bさんと接点を
持ちたい……
自分（下段者）
△
○
縁
○
A 上段者
こいつは大し
たことないな
自分とよく
合う人だ
B 下段者
Aさんの魅力はよく分から
ない。Bさんの魅力はよく分
かるので仲良くなりたい。
Aさんと接点を
持ちたい……
自分（上段者）
○
縁
○
A 上段者
こいつはなか
なかの人物だ
よく分から
ない人だ
△
B 下段者
人間力に優れているAさん
と仲良くなりたい。Bさんに
は興味が湧かない。

### 伝授

剣道などを思い浮かべるとイメージしやすい。人間力が上段者であれば同じ上段者の力量が分かるが、下段者であれば上段者の力量は分からない。

なお、徳川家の剣術指南役だった柳生家の家訓にも、「小才（しょうさい）は縁に出合いて縁に気づかず、中才（ちゅうさい）は縁に気づいて縁を生かさず、大才（たいさい）は袖すり合う縁をも生かす」という言葉がある。

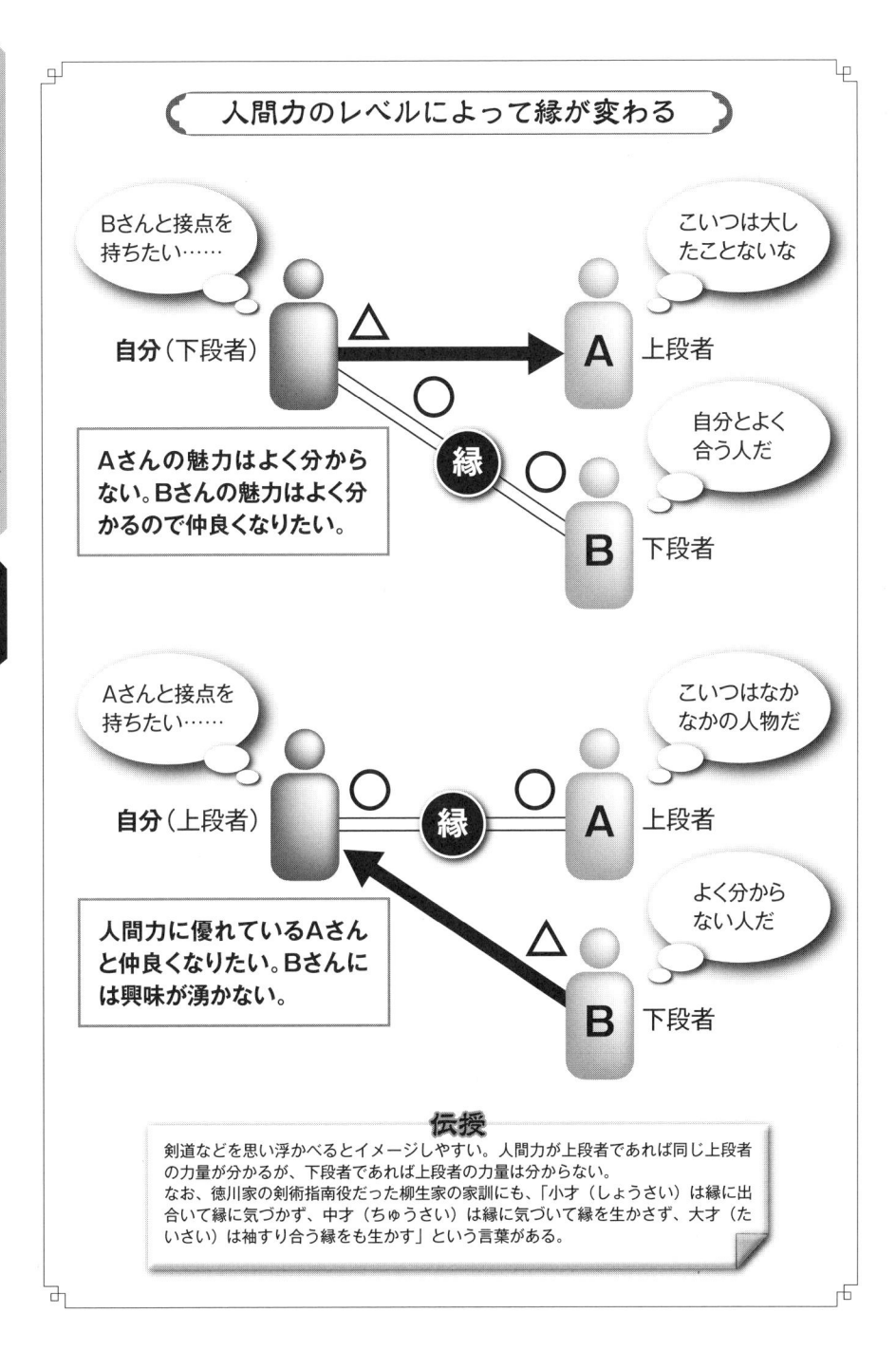

論10語

馬鹿を装うテクニック

# 「愚」が交渉や組織運営を助ける

**甯武子《ねいぶし》、邦《くに》に道あれば則《すなわ》ち知《ち》、邦に道なければ則ち愚《ぐ》。其《そ》の知は及ぶべきなり、其の愚は及ぶべからざるなり**

〈訳〉甯武子は、国に道があるときは智者で、国に道がないときは愚者のように振る舞った。その智者ぶりは真似できるが、その愚者ぶりは真似できない。

## ■少し愚かに見える方がよい

　交渉の際、自分が相手から「やり手」だと思われ過ぎると、かえって都合が悪い場合がある。「こんな人物と交渉したらいいところを全部持っていかれるのでは？」人によってはそんな猜疑心を生みかねない。

### 「愚」を上手く使いこなした人々

**織田信長**（おだ・のぶなが）

「尾張《おわり》（現在の愛知県西部）のうつけ」と呼ばれた戦国時代の革命児。桶狭間の戦いでは、ぎりぎりまで無策を装い、電光石火の奇襲で今川《いまがわ》義元《よしもと》を討った。

**前田利常**（まえだ・としつね）

徳川家に目をつけられないようにバカ殿を装い、加賀《かが》百万石の礎《いしずえ》を築いた三代目藩主。江戸時代は幕府による監視の目が厳しく、減封・転封が頻繁に行われていたため、あえてバカ殿として振る舞う大名は多かった。

**大石内蔵助**（おおいし・くらのすけ）

忠臣蔵で知られる人物。討ち入りの直前まで遊興にふけり、その姿を吉良《きら》家の密偵に見せることで相手の警戒心を解いた。

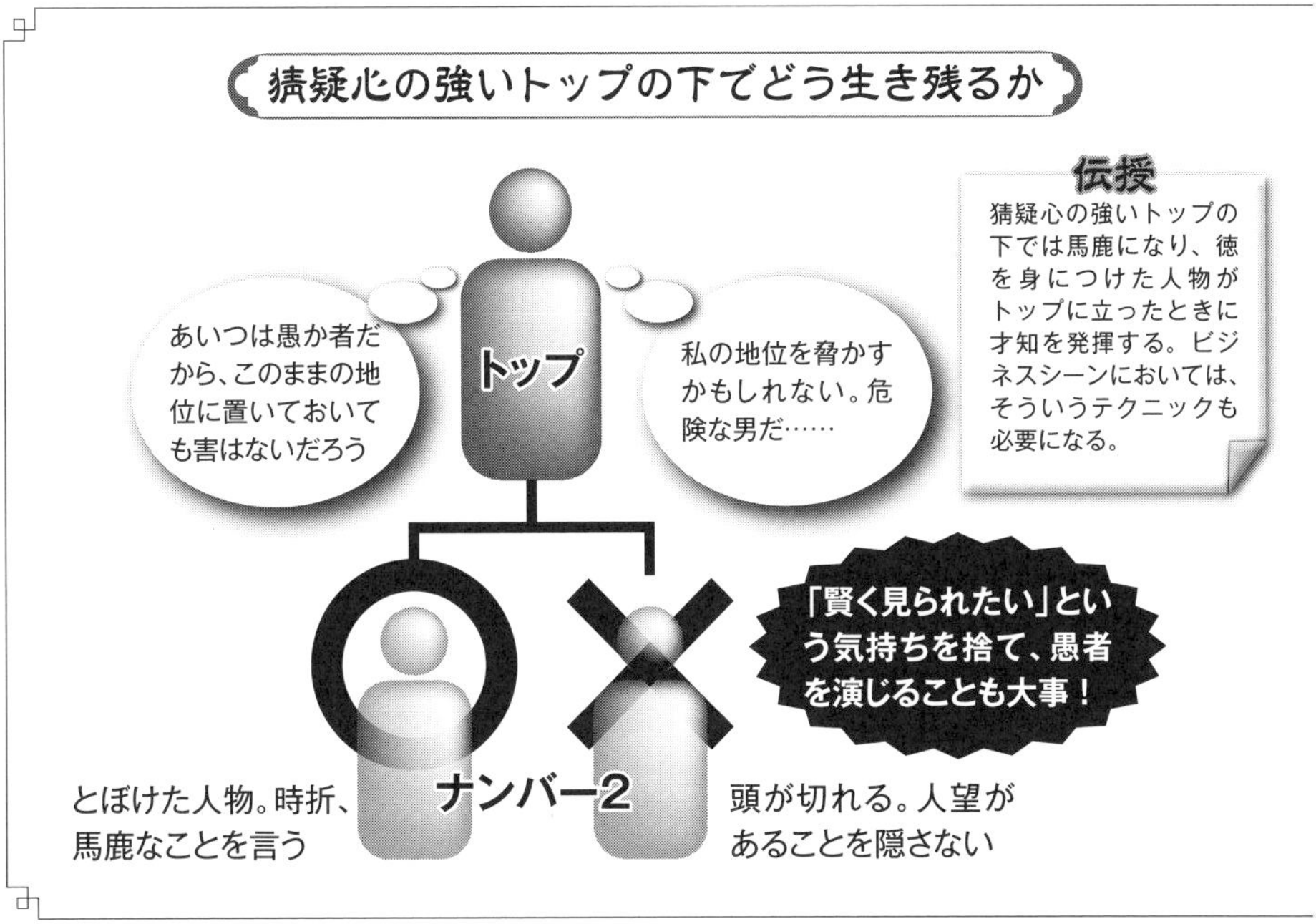
猜疑心の強いトップの下でどう生き残るか
伝授
猜疑心の強いトップの下では馬鹿になり、徳を身につけた人物がトップに立ったときに才知を発揮する。ビジネスシーンにおいては、そういうテクニックも必要になる。
トップ
あいつは愚か者だから、このままの地位に置いておいても害はないだろう
私の地位を脅かすかもしれない。危険な男だ……
「賢く見られたい」という気持ちを捨て、愚者を演じることも大事！
ナンバー2
とぼけた人物。時折、馬鹿なことを言う
頭が切れる。人望があることを隠さない

**交渉事は、相手と同等か、少し劣る人物だと感じさせる方が上手く進む。**馬鹿になっておきながら水面下で頭を使い、少しずつ攻めていく。意見を聞き入れつつも要所要所で切り返し、最終的に自分が思う方向へと導いていく。

とはいえ、実践するとなると相当の経験や智力が必要となるだろう。また、「愚」を身につけたがために義や勇を失ってしまうケースもある。歳月をかけてじっくりと熟成させていくべき概念だといえるかもしれない。

## ■「愚」の方が部下は働きやすい

「君子は器《き》ならず」という言葉がある。上に立つ者の役割は自分が器として働くことではなく、部下という器を使いこなすことにある。上司が仕事の細部にまで首を突っ込み、いちいち指示を出していたら部下は仕事がやりにくくて仕方がない。これでは、部下という器は活きてこない。

上司は時として愚者を演じ、部下が生き生きと仕事ができるように放任してみるべきではなかろうか。「愚」は場合により組織を強くする面も備えている。

論11語

『論語』の中心的テーマ

# 最上の徳「中庸《ちゅうよう》」の本質を掴む

**過ぎたるは**
**猶《なお》及ばざるが如し**

〈訳〉
度が過ぎていることは、足りないことと同じくらい良くない。
なぜならどちらも中庸ではない。

## ■「中庸」が持つ本当の意味

まず、中庸の漢字から意味を解説したい。「中」には「ほどよい」、「かたよらない」、「一歩進む」という意味があり、「庸」はどんなときでも平常心を保ち、あらゆるものを包括しつつも平常であることを指す。つまり、周囲の意見を取り入れながらバランスをとって前進していく考え方を「中庸」と呼ぶ。例えば会議において自分が○だと考えていたとしよう。そこに×という正反対の

### 中庸の大切さを説いたその他の章句

**質《しつ》、文《ぶん》に勝てば則《すなわ》ち野《や》。**
**文、質に勝てば則ち史《し》。**
**文質彬《ひん》彬《ぴん》として然《しか》る後に君子なり**

質朴さが技巧に勝れば粗野になる。技巧が質朴さに勝れば融通の利かない小役人然となってしまう。修養で身につけた外面的美しさと内面の質朴さがほどよく調和しバランスがとれていて、はじめて君子といえる。

**君子の天下に於《お》けるや、**
**適《てき》も無く、莫《ばく》も無し。**
**義と与《とも》に比す**

君子は世の中に対処していく際、絶対にこうしなければならないと執着することもなければ、絶対にこうしてはならないと意固地になることもない。ただ正しい道理に従い、もっとも宜しきにかなうよう進むだけである。

**中庸の徳たるや、**
**其《そ》れ至れるかな。**
**民鮮《すく》なきこと久し**

中庸は最上の徳である。しかし中庸の徳を身につけた人を見なくなってから、ずいぶんと時が経つ。

## 多様な意見を結集して「中庸」を目指す

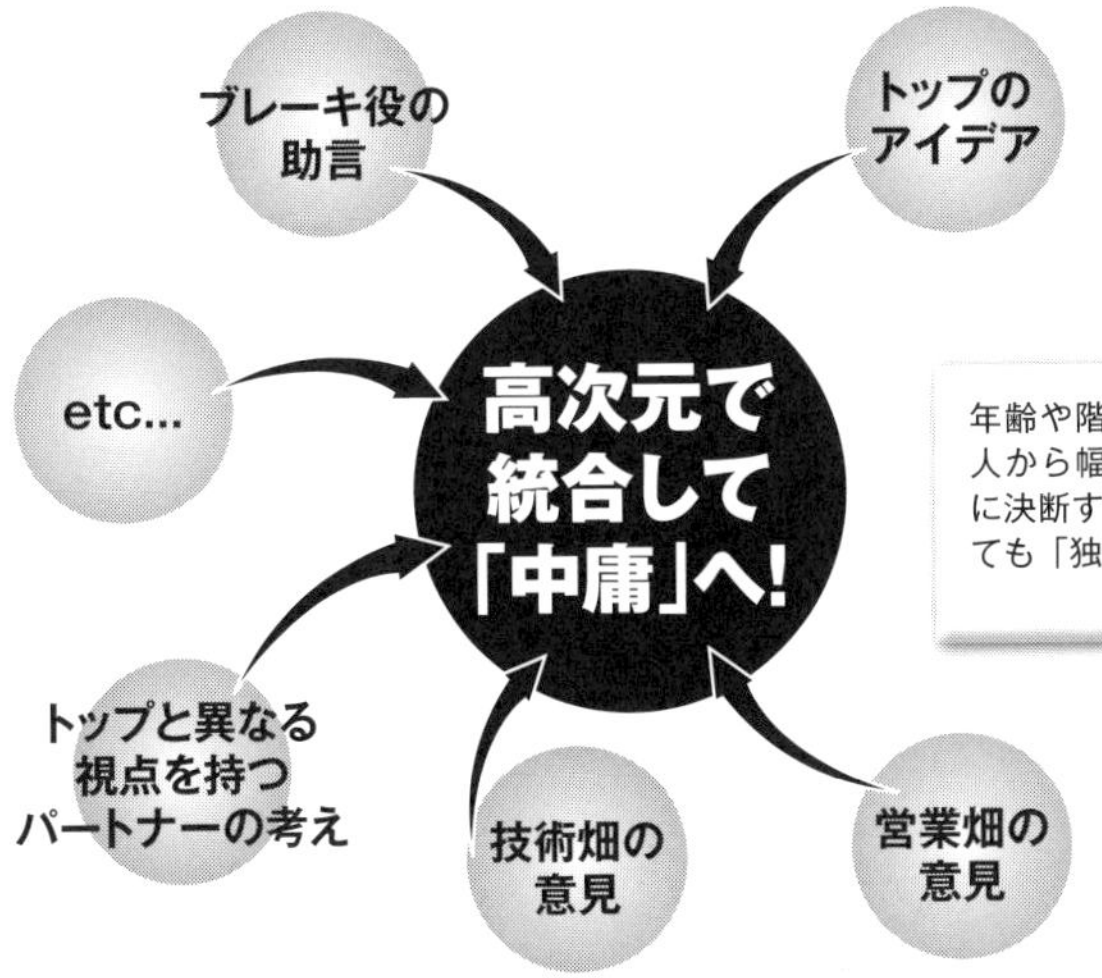
ブレーキ役の
助言
トップの
アイデア
etc...
高次元で
統合して
「中庸」へ!
トップと異なる
視点を持つ
パートナーの考え
技術畑の
意見
営業畑の
意見

**伝授**

年齢や階級の差別なく、さまざまな人から幅広く意見を集める。最終的に決断するトップは、「独裁」であっても「独断」であってはならない。

意見が加わったとき、矛盾する双方の意見を進歩的に統合していかねばならない。**より高次元で議論を交わし、双方が納得する結論を導く。そんなバランスと叡智が求められる概念こそ「中庸」の本質なのだ。**無難や折衷などとは似て非なるものだと思ってほしい。

ちなみに、成功を収めた起業家の中には、あえて自分と異なる視点を持った人物とタッグを組むケースが見られる。これは、「中庸」へ至る有効な方法かもしれない。組織は多様な意見が集まることで強固になる。意見を煮詰め、最終的な決断はトップが行う。これが理想的な組織の在り方であろう。

Column

### 哲学者・ヘーゲルと「中庸」

19世紀前半に活躍した哲学者・ヘーゲルは、正反合を用いた弁証法によって、人間心理の深みへとメスを入れた。正反合とは、ある1つの命題（正）に対して、それとは反対する反命題（反）を対置し、その2つを高次元で結合（合）させた状態を指す。これは孔子の説く「中庸」の考え方に非常に似ている。

当時、西洋の哲学者達はこぞって中国思想を学び、取り入れていたという。ヘーゲルもまた、孔子の思想を学び、「中庸」をヒントに彼の哲学を構築したのかもしれない。真相は不明だが、可能性は否定できない。

### 「意・必・固・我」の意味

| | |
|---|---|
| 意 | 自分の考えだけで物事を判断すること。私意。 |
| 必 | 何が何でも自分が考えたとおりに<br>実行しようとすること。 |
| 固 | 1つのことに執着してしまうこと。 |
| 我 | 我を張ってしまうこと。 |

**伝授**

「意・必・固・我」は上の立場にいる人間ほど陥りやすい。これらを押し通すことが強いリーダーシップであると錯覚してしまう人も多い。

論12語

## 最上の徳を身につける
# 「中庸」へと至るためにすべきこと

**中行《ちゅうこう》を得てこれに与《くみ》せずんば、必ずや狂狷《きょうけん》か。狂者《きょうしゃ》は進みて取り、狷者《けんじゃ》は為《な》さざる所あり**

〈訳〉 中庸の徳を身につけた人物と交わることができないのであれば、狂か狷の人物に会いたいものだ。狂の人には進取の精神があるし、狷の人は節義を守り不善をしない。

### ■まずは「狂狷」から入る

徳の境地である中庸は、若いうちから身につけられるものではない。長い歳月をかけて正しい生き方を積み重ねてきた者だけがようやく行き着く、極めて崇高な概念

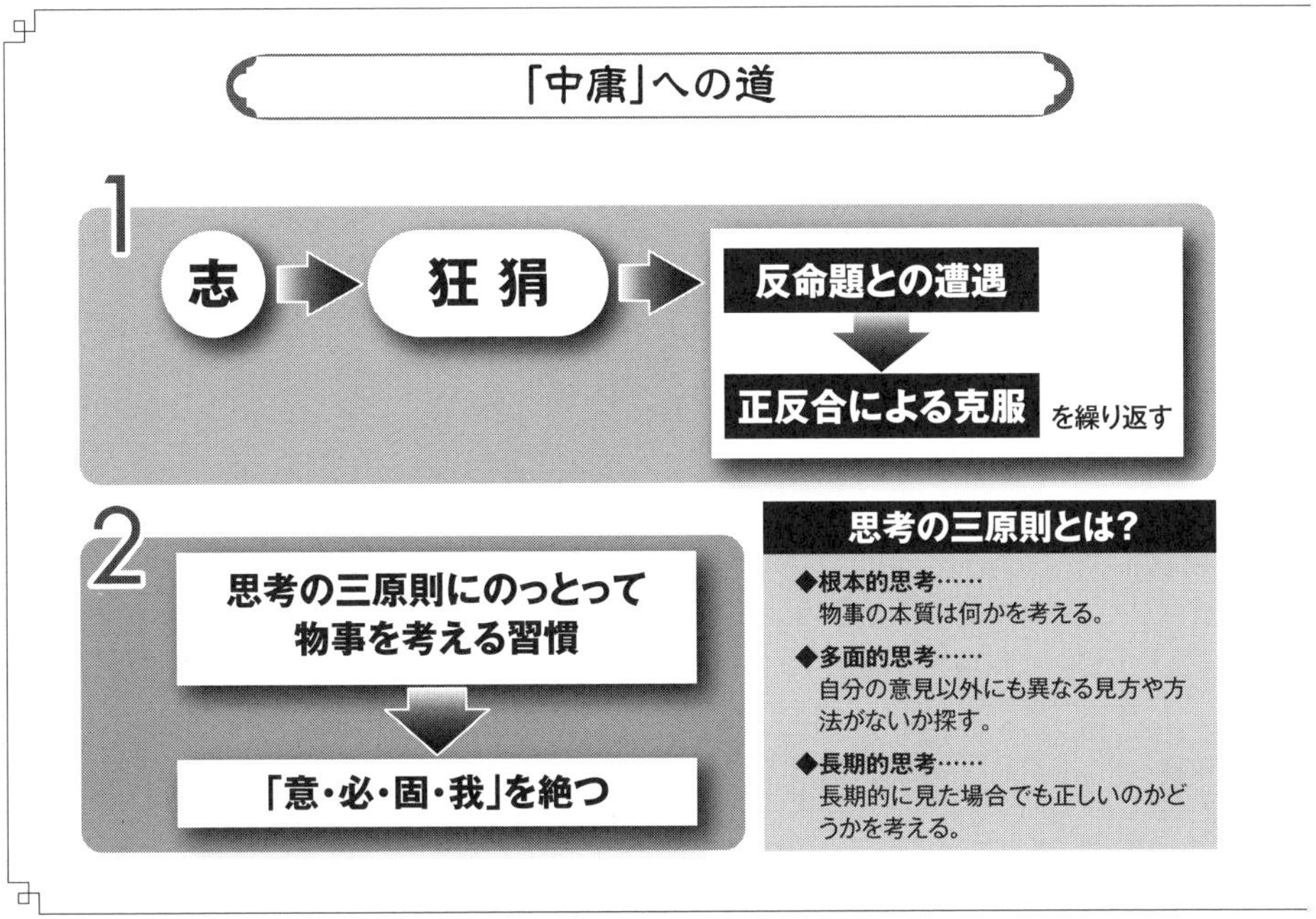
「中庸」への道
1
志
狂狷
反命題との遭遇
正反合による克服
を繰り返す
2
思考の三原則にのっとって物事を考える習慣
「意・必・固・我」を絶つ
思考の三原則とは？
◆根本的思考……
物事の本質は何かを考える。
◆多面的思考……
自分の意見以外にも異なる見方や方法がないか探す。
◆長期的思考……
長期的に見た場合でも正しいのかどうかを考える。

だといえよう。そのため、**いきなり中庸を目指すのではなく、それを身につけるための生き方として、まず狂狷の人になることをおすすめしたい。**

「狂者」とは、急進的な面を持つ理想主義者を指し、「狷者」とは、不動の忠義心を持った頑固者を指す。狂狷の人として確固たる理想や考えを持って生きていけば、必ず反対意見に相対するときが来よう。それらの試練を何度も乗り越えていくうちに、少しずつ中庸の境地へと近づいていけるはずだ。

ここで注意してほしいのが、狂狷と野心の違いだ。狂狷の意志とは「世の中をこうしたい」と考える志であって、個人の願望に根ざす野心とは異なる。

しかし、志と野心は表裏一体であり、野心が突出すると、個人や会社の利益を求めるようになってしまう。野心を制するだけの志を常に持ちながら、仕事に当たるべきであろう。

また、孔子は志を遂げるには、「意《い》・必《ひっ》・固《こ》・我《が》」を捨てることを説いている。これらを捨てなければ、了見が狭く偏った人物になってしまい、中庸の対極に位置することになるので注意したい。

論13語

## 知識を活かす心構え

# 学んだことを血肉化する方法

**苟《いやし》くも其《そ》の身を正しくせば、**
**政《まつりごと》に従うに於《お》いて何か有らん。**
**其の身を正すこと能《あた》わずんば、**
**人を正すを如何《いかん》せん**

〈訳〉もし自分の身を正すことができれば、政治を行うことに何の困難があるだろうか。逆に自分の身を正すこともできないようでは、どうして人を正すことなどできるだろうか。

## ■自分を律し、「相続心」を持つ

例えば感動した言葉があったとする。それを紙に書いて壁に貼りつけ毎日ぼんやり眺めていても、何も変化は生まれない。学んだ知識を活かすためには行動が必要になる。何事も成し遂げようとする強さ、すなわち「志」がなければ、知識は役に立たない。

では、志を持つためにはどうするべきか。それは、**自分を律し、揺るぎない「相続心」を固めること**であろう。「発心《ほっしん》」して「決心」する人はとても多い。しかし、その上に「相続心」を重ねなければ、志には至れない。かの吉田松陰《よしだしょういん》も「志定まれば、気盛んなり（志が定まれば、意気が高まりどんなことでも実現できるものである）」という言葉を残している。まずは自分を見つめ、決してぶれない心の軸を磨くべきであろう。

心の軸を定めるにあたっては、『論語』をはじめとする古典を何度も読み返すことをおすすめしたい。いにしえの知恵者が命を賭してまとめた書物の数々には、必ずや生きていく上でのヒントが隠されている。繰り返し読むことで言葉が血肉化されていく。それを社会生活の中で活かし、知行合一《ちこうごういつ》させていく。その連続こそが人を成長へと導いていくのではなかろうか。

## 尊敬すべき3人の経営者

| | |
|---|---|
| 渋沢《しぶさわ》栄一《えいいち》 | ◆ 明治～大正初期に活躍した実業家で、「日本資本主義の父」と称される。<br>◆ 約500もの企業の設立・経営にかかわり、日本の資本主義の土台を作った。<br>◆ 教育、社会、文化事業に多大な貢献をした。<br>◆ 道徳経済合一説《どうとくけいざいごういつせつ》を説き、儒教に基づいた経営を目指した。 |
| 松下《まつした》幸之助《こうのすけ》 | ◆ パナソニック（旧社名：松下電器産業、松下電器製作所、松下電気器具製作所）を一代で築き上げた。<br>◆ 「利益をどう考えるか」、「不況の際の心構え」など、経営者としての在り方を説き、大企業から中小企業まで、幅広く経営者の道しるべとなった。<br>◆ 松下政経塾やPHP研究所を設立し、後進の育成に尽力した。 |
| 稲盛《いなもり》和夫《かずお》 | ◆ 京セラの創業者であり、現在の日本航空取締役名誉会長（2013年5月現在）。<br>◆ 誠実で公明正大な商いを説いて実践している。<br>◆ 国内外での講演活動、数千人の若い経営者を育成する経営塾「盛和塾」など、後進の育成に尽力している。 |

## 3人の共通点

- **書物から学んだことを血肉化し、自分の生き方に落とし込んでいる。**
- **自分が培ってきた生き方や考え方を自著という形で多くの人に伝えている。**
- **経営者としてだけでなく、人としてもバランス感覚に優れている。**

**3人とも『論語』の思想に通じる独自の哲学を築き上げ、実践していた**

### 伝授

「学びて思わざれば則《すなわ》ち罔《くら》し、思いて学ばざれば則ち殆《あやう》し（教わるだけで自ら考えることをしなかったら、真理には到達できない）」という言葉もある。学んだことをどう自分の血肉にするのか考えなければならない。

論14語

ここぞという場面で自分を活かす

# ピンチに陥っても動じない「恒心《こうしん》」を持つ

**君子固《もと》より窮《きゅう》す。小人窮すれば斯《ここ》に濫《みだ》る**

〈訳〉君子も窮することはある。小人は窮すれば窮するほど取り乱してとんでもないことをしてかすものだが、君子は窮しても泰然としている。

## ■「恒心」があれば冷静さを保てる

難題に直面すると、急にパニックに陥ってしまい冷静な判断を下せなくなる人は意外に多い。どんなに才知に長けていたとしても、逆境に強くなければ大きな仕事を成し遂げることはできない。

孔子は何度となく命の危険にさらされた人物だった。あるとき孔子と弟子達は、楚《そ》の国へ向かうために陳《ちん》の国を旅していた。しかし陳の軍隊に行く手を阻《はば》まれ、食糧も尽き、進退窮まってしまった。孔子は弟子達がパニックに陥るのを見て、下の章句を説いたという。「恒心」の大切さを教えたのである。

ちなみにこのとき孔子は、楚の国王に救援の使者を送って援軍を乞い、窮地を脱した。泰然と構えながらも一方で策を講じていたのだ。

**「恒心」を得ることは容易ではない。長い歳月と幾多の辛酸、さまざまな喜怒哀楽の体験があってこそ、ようやく確立できる境地なのだ。**

ただし、「恒心」を得られていないとしても、難しい決断の際に助けとなる考え方は存在する。「三策用意する」、「益者三友《えきしゃさんゆう》を持つ」、「己の分をわきまえる」の三つにのっとるとよいだろう。これらの知恵や工夫を駆使して数多の難題を乗り越えていけば、やがて「恒心」が身についてくるのではないだろうか。

## ピンチを支える3つの考え方

**難しい決断を迫られたとき**

3つの方法へと問題をフィードバックして考える

**己の分をわきまえる**

自分の力や自社の力を見極めて、リスクをとれる許容範囲を設定する。実現可能な範囲を把握しておけば、冷静に事に当たりやすい。

**益者三友を持つ**

迷ったときこそ、人の力が頼りになる。「正直な人」、「誠実な人」、「見聞が広い人」を友人にすると、多方面から率直なアドバイスを得ることができる。

**常に三策用意しておく**

相手が予想もしなかった手を打ってきても対応できるように、常に3つの作戦を考えた上で交渉などに臨む。三策を用意していること自体が、心の拠り所にもなる。

**難題をクリア！**

困難を乗り越えたことによって自信を得ることができれば、人は強くなれる

**伝授**

「益者三友」に対して「損者三友（そんしゃさんゆう）」という言葉もある。ためにならない友人のことだ。「体裁ぶった人」、「媚びへつらう人」、「口だけ達者な人」を指している。

論15語

# 時代の流れを読む
# 歴史を学び、先を見通す力を身につける

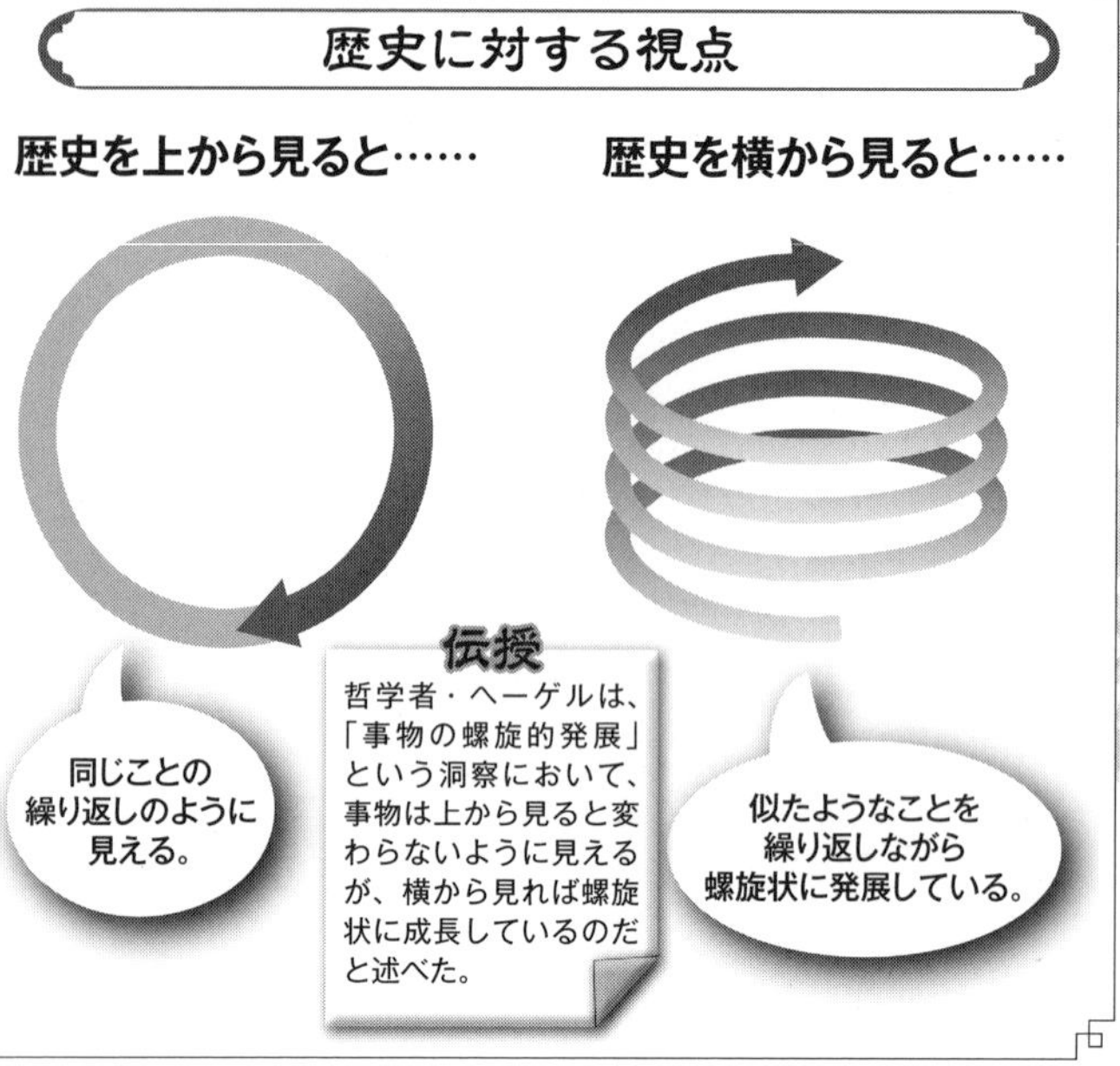
歴史に対する視点
歴史を上から見ると……
歴史を横から見ると……
同じことの繰り返しのように見える。
伝授
哲学者・ヘーゲルは、「事物の螺旋的発展」という洞察において、事物は上から見ると変わらないように見えるが、横から見れば螺旋状に成長しているのだと述べた。
似たようなことを繰り返しながら螺旋状に発展している。

**故《ふる》きを温《たず》ねて新しきを知る。以《もっ》て師と為《な》るべし**

〈訳〉古いこと（歴史）を深く学び、そこから今日に役立つ新しい知識を蓄積できる人こそ、師になれる人物だろう。

## ■歴史から判断材料を学ぶ

例えば将来の目標を掲げるとき、未来を予測して計算をし、実現可能な数値をはじき出す。『論語』の中に「君子は其《そ》の言《げん》の其の行《こう》に過ぐるを恥ず」とあるが、大言壮語はせずに言行一致を徹底しなければ、周囲の人はついてきてくれない。つまり、**先を見る力とは状況判断能力**

## 時代変化の予兆を見分ける（投資の例）

**2011年末からイランとイスラエルの緊張状態が続いている**

もし戦争が起これば
ホルムズ海峡が封鎖され、
原油供給量に甚大な影響が
出るかもしれない……

if 戦争が起こったら

**原油価格が高騰し、1バレル200ドルを超える可能性もある**

if 日本が原油を輸入し続けたら

**日本の国際収支が悪化する**

円が大暴落を引き起こす
可能性がある。その場合
金利はどうなるか……

if 円が大暴落したら

**ドルの価値が高まる**

有事の場合に一番強い
のはドル。ドル高になる前に
ドルを買っておく必要が
あるかもしれない……

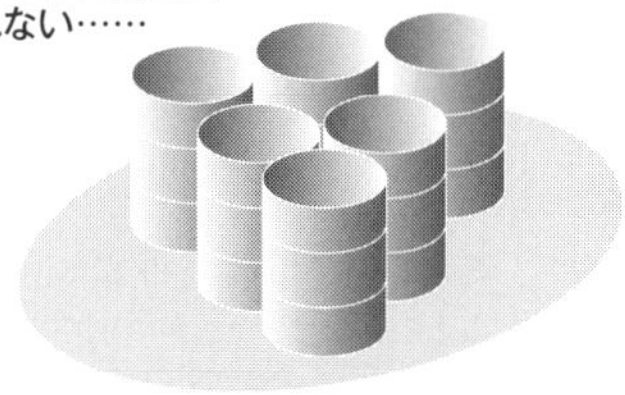

**伝授**

湾岸戦争が起こったとき、日本のメディアは戦争には発展しないと予測していたが、結果的に戦争は起こった。無論、戦争は起こらない方がよい。しかし「もしも」の場合を考え、備えだけはしておくべきであろう。それで戦争が起こらなければ、胸をなで下ろせばいいのだ。

**に尽きる。**

では、何をもとに判断をすればよいのか。それは過去の歴史から学ぶのが基本であろう。歴史とは、各時代において人々が判断した結果の積み重ねに過ぎない。同じ人間である以上、三千年前も現在も、人間の本質は変わらない。それぞれの判断に理由があり、その結果として歴史が残っている。ケーススタディの宝庫として、これを活用しない手はない。

## ■思想書と歴史書を読む

歴史をひも解いていくと、いくつかポイントになる時代がある。とりわけ注目してほしいのが孔子の時代、約二千五百年前だ。古代哲学の代表的人物・ソクラテスが生まれたのもその頃であるし、釈迦《しやか》もキリストも約二千五百年から二千年前にかけて生まれた。思想の源流はこの時代にあると言っても過言ではない。

また、思想書とともに歴史書も読んでおきたい。歴史は治《ち》乱《らん》興《こう》亡《ぼう》の繰り返しである。その原因を追求し、生き残った者達の方策を学べば、国や社会が乱れたときに取るべき行動が自ずと見えてくるに違いない。

論16語

世界へ羽ばたくために

# 「人間力」が新たな挑戦の支えになる

## ■世界と勝負しなければならない

今、日本は過渡期にある。日本人だけを相手にするビジネスから世界相手のビジネスへと変化を遂げている最中だ。これからは世界のどんな場所に行っても通用する柔軟な人物を目指さねばならない。しかし、人間の本質はどの国に行っても変わらない。つまり、「変わるもの」と「変わらないもの」をしっかり見極める資質こそが、世界で活躍するためのポイントになる。

弊社のグループ企業でSBIインベストメントという会社がある。起業して間もない会社に資本や経営アドバイスを提供しているわけだが、投資するか否かの最終的な判断は、必ずトップとお会いして決めている。トップを見るとその会社の成長力が分かる。トップの「人間力」、すなわち「変わらないもの」を持っているかどうかが、会社自体の成長に大きく影響を及ぼす。

**言忠信《げんちゅうしん》、行篤敬《こうとくけい》なれば、蛮貊《ばんばく》の邦《くに》と雖《いえど》も行われん。言忠信ならず、行篤敬ならざれば、州里《しゅうり》と雖も行われんや**

〈訳〉言葉に真心があって違えることなく、行動は懇（ねんご）ろで慎み深かったら、南蛮（なんばん）・北狄（ほくてき）といった遠い野蛮な国でも、主張は聞き入れてもらえるだろう。反対に、言葉に真心がなく、言と行が違えたり、行動がいい加減だったりすれば、たとえ勝手知ったる郷里でさえも思いどおりに主張を聞き入れてもらえないだろう。

企業は一人では動かせない。だからこそトップは人を惹きつけ、人々の力を一つのベクトルに向かわせなければならない。**新たな挑戦に踏み出すときは、第一に「人間力」が求められると心得てほしい。**

## 世界を相手にしたビジネスを考える

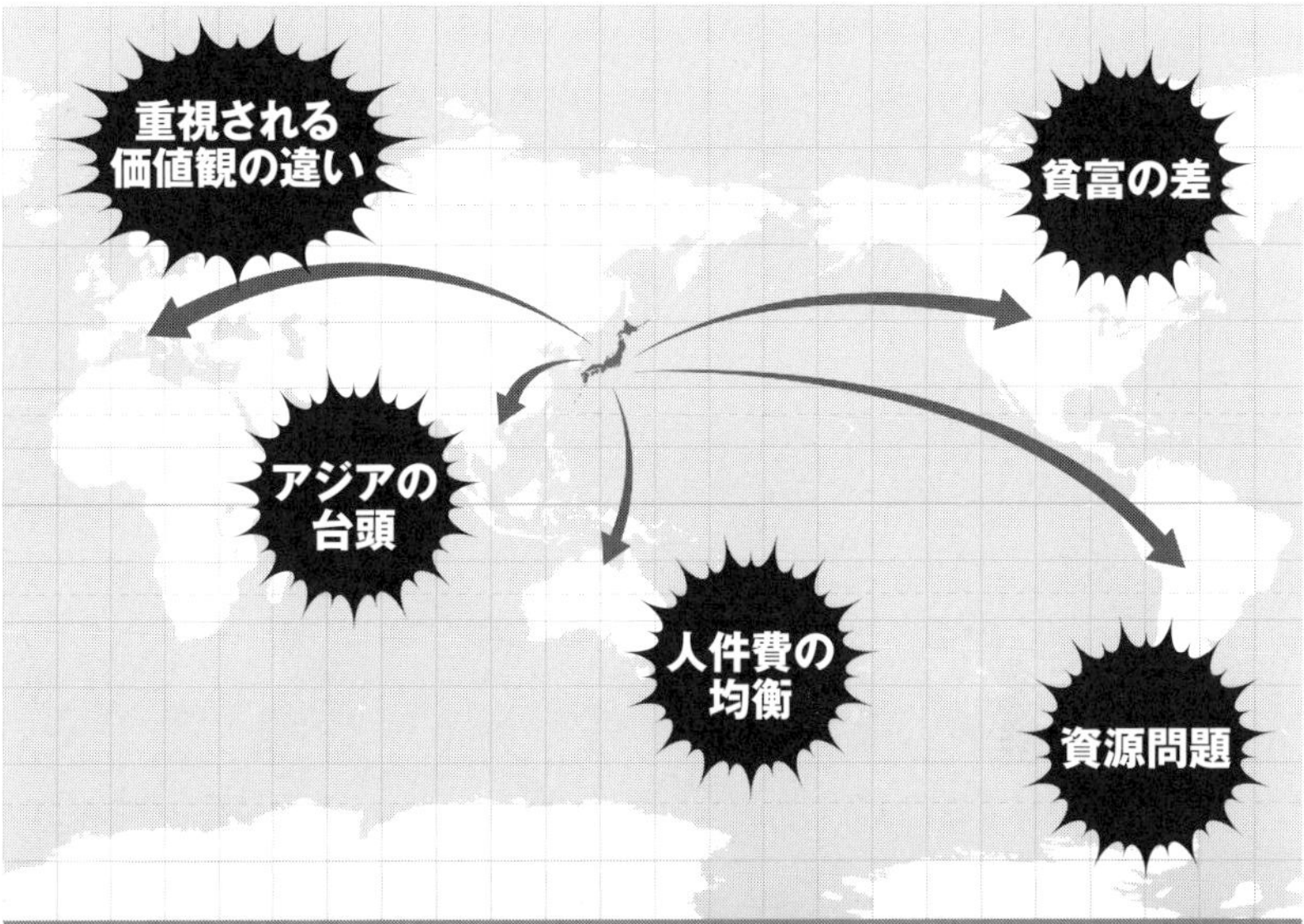
重視される
価値観の違い
貧富の差
アジアの
台頭
人件費の
均衡
資源問題

### 海外へ進出する際に必要なこと

**「変わるもの」と「変わらないもの」を掴む**

経済活動の基盤である
資本主義という
社会システムも
常に変転している。

**世界を俯瞰する視点を持つ**

実学という点において、日本人は
大きく差をつけられていることを
意識すべき。

**国ごとの制度や文化の違いを学ぶ**

制度が違えば商行動に影響が出る。
また、西洋は「知」を重んじ、
東洋は「徳」を重んじる傾向がある。

**個人の「徳」だけでなく「社徳」も備える**

世界中で通用する
企業になるため、
社員全員が共有できる
「社徳」があるとよい。

## Profile

1962年生まれ。
関西学院大学、同志社大学の非常勤講師を歴任。
経済経営やマーケティングに造詣が深く、
大学で情報通信の講義を行うかたわら、研究を続けている。
主な著書は『岩崎弥太郎「三菱」の企業論』、
『今日から即使える孫子の兵法』（ともに朝日新聞出版）、
『腕木通信―ナポレオンが見たインターネットの夜明け―』（朝日新聞社）、
『裸はいつから恥ずかしくなったか』（新潮社）など多数。

## 第2章

# 孫子に学ぶビジネス戦術

約2500年前に成立した兵法書『孫子』を読んでみると、
戦の方法を説いた書物でありながら、
驚くほど現代の経営学に通じる部分が多い。
いにしえの兵法と現代のビジネス理論を組み合わせながら、
ビジネスで成功するカギを見出していく。

プランナー・作家
中野　明（なかの・あきら）

孫子1

ビジネスを成功に導く「五事《ごじ》」

# 企業の「道」を知ることからはじめる

一に曰《いわ》く道、二に曰く天、
三に曰く地、四に曰く将、
五に曰く法なり

〈訳〉

企業にとっての大事である経営を考えるには、道、天、地、将、法の五事を知ることが欠かせない。

## ■『孫子』の基本「五事《ごじ》七計《しちけい》」

「ビジネスは戦争」というたとえがある。これは経営の良し悪しが企業の存亡や社員の死活にかかわるために生じた言葉とも解釈できよう。実際、戦争に勝つための兵法書であるはずの『孫子』を読むと、ビジネスに活用できるエッセンスが多々ちりばめられている。なかでもまず押さえなければならない基本が「五事七計」だ。

### 五事とは何か

- ① 道　企業が持つミッション
- ② 天　企業を取り巻くマクロ環境
- ③ 地　企業が属する業界や市場
- ④ 将　企業のリーダー（あるいは自分）
- ⑤ 法　企業の内部環境

**伝授**
「道」を知らなければ、戦略は立てられない。まずは「道」ありき。

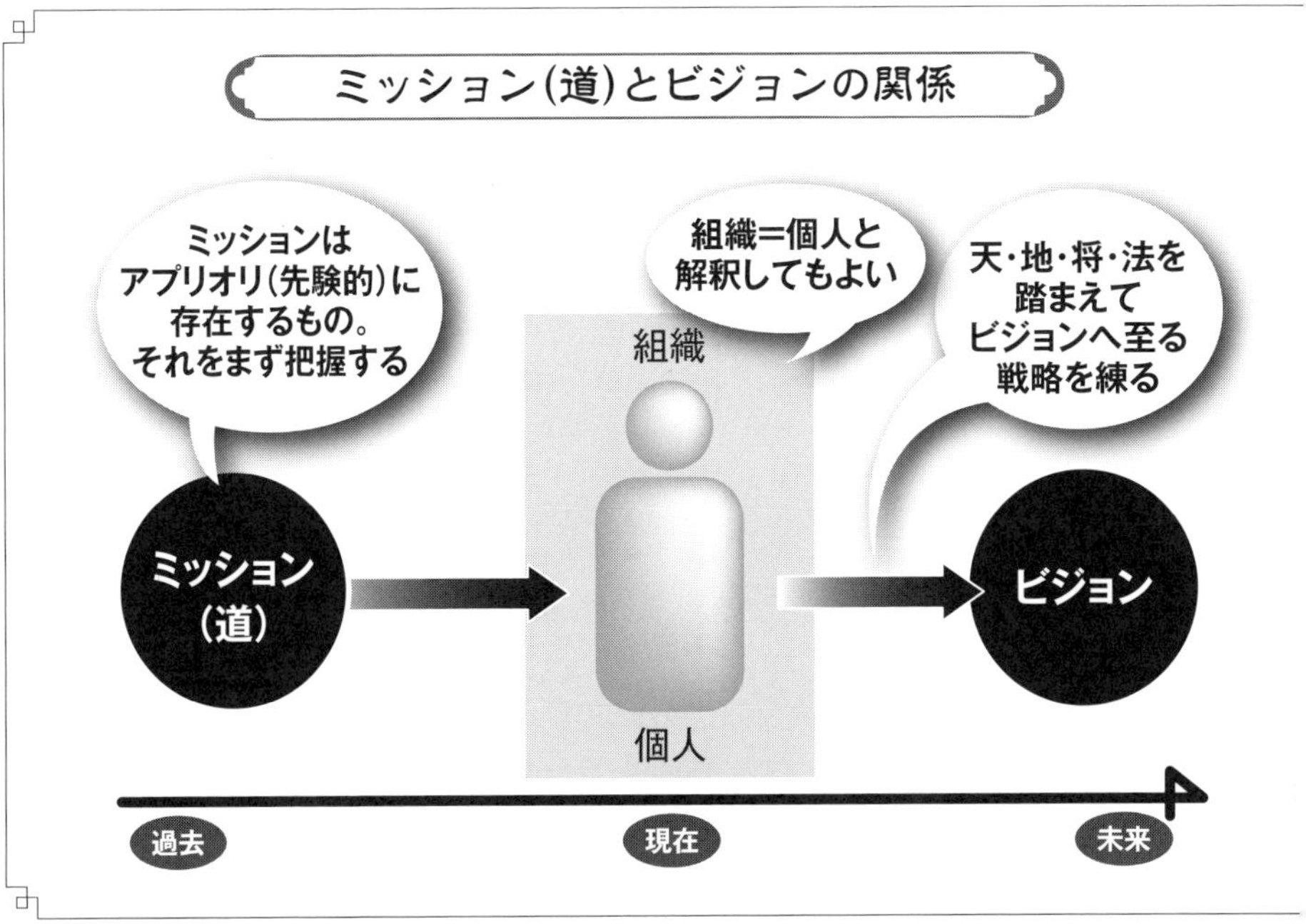
ミッション(道)とビジョンの関係
ミッションは
アプリオリ(先験的)に
存在するもの。
それをまず把握する
組織=個人と
解釈してもよい
天・地・将・法を
踏まえて
ビジョンへ至る
戦略を練る
組織
ミッション
(道)
ビジョン
個人
過去
現在
未来

「五事七計」とは、**国（あるいは企業）を維持するために必要な五つの柱と、敵（あるいはライバル企業）と己を比較分析する七つの基準**だといえる。ここではまず五事に注目して『孫子』の根幹にある考えを理解したい。

## ■「道」を定めることが最重要課題

五事とは、道・天・地・将・法を指している。これらを現代ビジネスに当てはめると、右上図のように言い換えられる。

最初に注目すべきは「道」、つまり企業が持つミッションだ。ミッションとはその組織の存在理由を示すもの、すなわち使命とも言い換えられる。使命を果たすためには将来のビジョンを描き、さまざまな方法の中からそこへ至る最適な手法を選ばなければならない。協調していくのか、それとも踏み台にしてでものし上がるのか……。そうした手法を選ぶ際に考慮すべきポイントが、「天・地・将・法」の四つだ。つまり、**五事のうちまず「道」を理解し、その上でビジョンを実現するための天・地・将・法の四つについて考える**。これが『孫子』をビジネスに活かす基本だと考えてほしい。

孫子2

相手を知るための「七計《しちけい》」

# ライバル会社と自社の比較方法

主《しゅ》いずれか道ある。将《しょう》いずれか能《のう》ある。
天地《てんち》いずれか得たる。法令《ほうれい》いずれか行われたる。
兵衆《へいしゅう》いずれか強き。士卒《しそつ》いずれか練れたる。
賞罰《しょうばつ》いずれか明らかなる。
吾《われ》これをもって勝負を知る

〈訳〉

自軍と敵を比較するには七計を用いよ。君主が道を理解しているのはいずれか。将の能力が高いのはいずれか。地の利を得ているのはいずれか。法令が適切なのはいずれか。軍隊が強いのはいずれか。兵士の訓練度が高いのはいずれか。賞罰が公平なのはいずれか。勝敗はこの比較から見えてくる。

## ■「七計」は企業にも個人にも当てはまる

戦いに勝つためには、自分と相手を知らなければならない。『孫子』では、双方を分析するための基準として、七つの項目（七計）を挙げている。組織を念頭に考える

### 七計を現代ビジネスに置き換える

主……CEOはミッションを理解しているか

将……現場指揮官が優れているのはいずれか

天地……外部環境が有利なのはいずれか

法……規律が守られているのはいずれか

兵衆……チームが強いのはいずれか

士卒……個々のメンバーがよく訓練されているのはいずれか

賞罰……賞罰が公明なのはいずれか

**伝授**

孫子は、七計で比較した結果自軍に利があれば、自軍の勢いとなり、戦いを有利に運べると述べている。

### 5つの競争要因

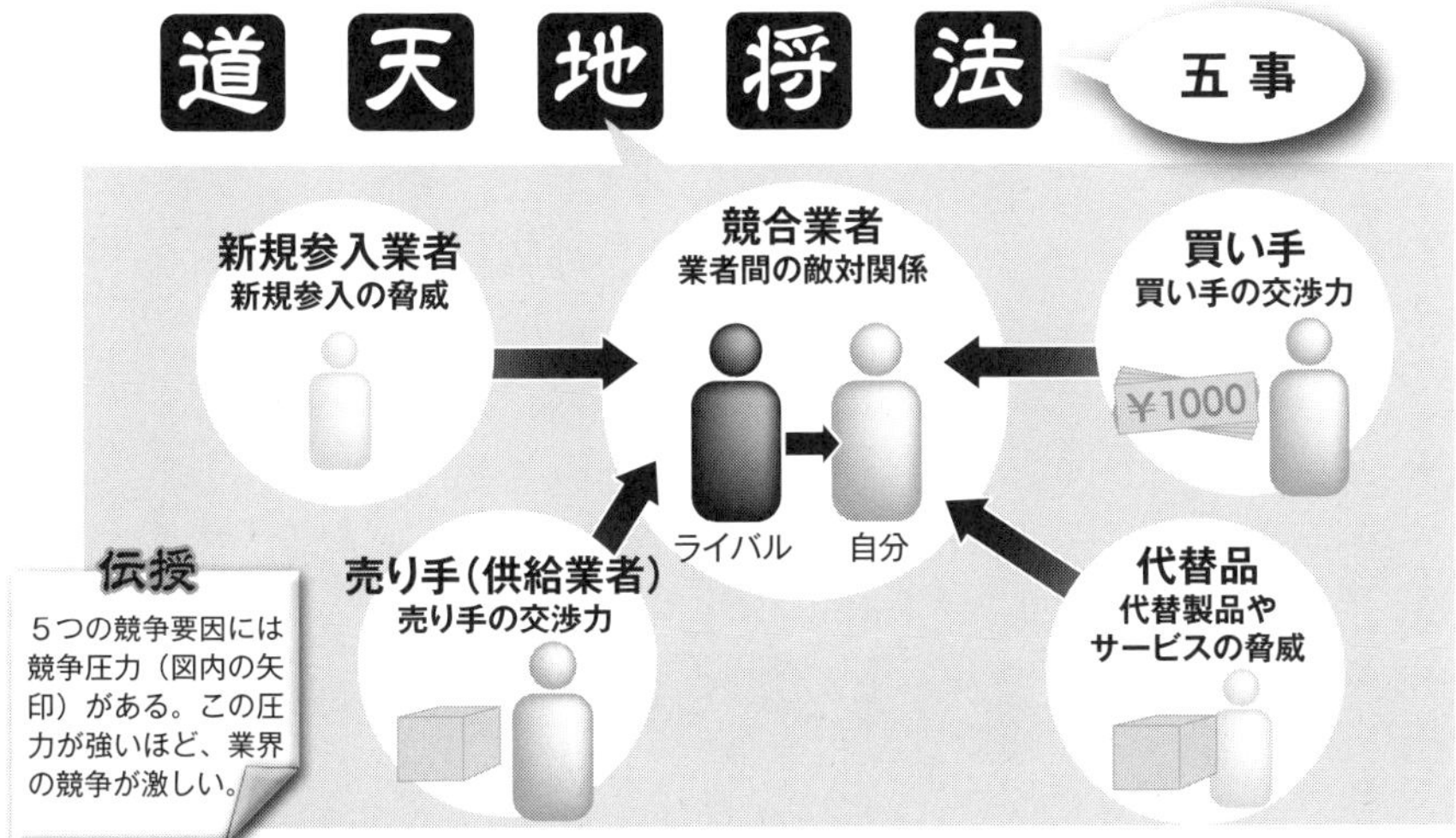
道 天 地 将 法
五事
新規参入業者
新規参入の脅威
競合業者
業者間の敵対関係
買い手
買い手の交渉力
¥1000
ライバル
自分
売り手（供給業者）
売り手の交渉力
代替品
代替製品や
サービスの脅威
伝授
５つの競争要因には競争圧力（図内の矢印）がある。この圧力が強いほど、業界の競争が激しい。

と自社とライバル会社の分析、個人を念頭に考えると自分と個々の競争相手の分析になる。**この七項目をチェックリストとして用いれば、自ずと戦いに勝てるか否かが見えてくる。**

## ■ライバルとは誰を指すのか

ここで注意したいのが、ライバルの捉え方だ。「ライバル＝競合会社」と狭い範囲で捉えるよりも、上図にある「5つの競争要因」全てが競争相手になっていると考え、それぞれについて七計による比較を行うことをおすすめしたい。

Column

### 組織の三菱、人の三井

日本を代表する企業グループである三菱と三井は、「組織の三菱、人の三井」と形容されることが多い。これは、三菱は兵衆（組織力）に強く、三井は士卒（個々の人物）に強いことを意味している。

企業の長所は、過去にさかのぼると見えてくる。例えば三菱グループには、脈々と受け継がれてきた三綱領が存在する。「所期奉公（社会貢献）」、「処事光明（フェアプレー）」、「立業貿易（グローバルな視点）」だ。昔からこうした理念が存在していたからこそ、「組織の三菱」になり得たのであろう。

孫3子

「詭《き》道《どう》」をどう捉えるか

# 自社独自のポジションを探る

**兵は詭《き》道《どう》なり。**
**ゆえに能《のう》にしてこれ不《ふ》能《のう》を示し、**
**用《よう》にしてこれ不《ふ》用《よう》を示し、**
**近くしてこれ遠きを示し、**
**遠くしてこれ近きを示す**

〈訳〉
戦いとはだまし合いである。能があるのに不能に見せたり、策があるのに無策に見せたり、近くに迫っているのに遠くにいるように見せたり、またその逆に見せたりすると都合がよい。

## ■「詭道」の意味とは

兵は詭道なり――。

これは、『孫子』の中でも特に有名な一句だ。詭道とは、素直に訳すとだまし合いを意味する。しかし、「詭」という文字には相手をあざむくという意味以外に、「普通と違う」という第二の意味がある。ビジネスに置き換えて考えると、他社（あるいは他者）と異なることをする。または、他社と競合しないポジションをとる。つまり、その人（あるいは組織）しかできないことを考えるよう諭しているのが、「詭道」の本質なのだ。

## ■戦略的ポジショニングを見極める

例えば、複数の企業が提供する製品やサービスの質が同じ場合、顧客が購入する決め手は価格になる。これは低価格競争につながりかねない。互いが疲弊するだけの無益な戦いを避けるため、**他社と差別化された価値を創り上げ、競争自体を無にすることが重要だ。言い換えると、時代の流れや環境を見つめて独自の戦略的ポジショニングを考える。**これが競争に勝つ秘訣といえよう。

## 戦略的ポジショニングの考え方

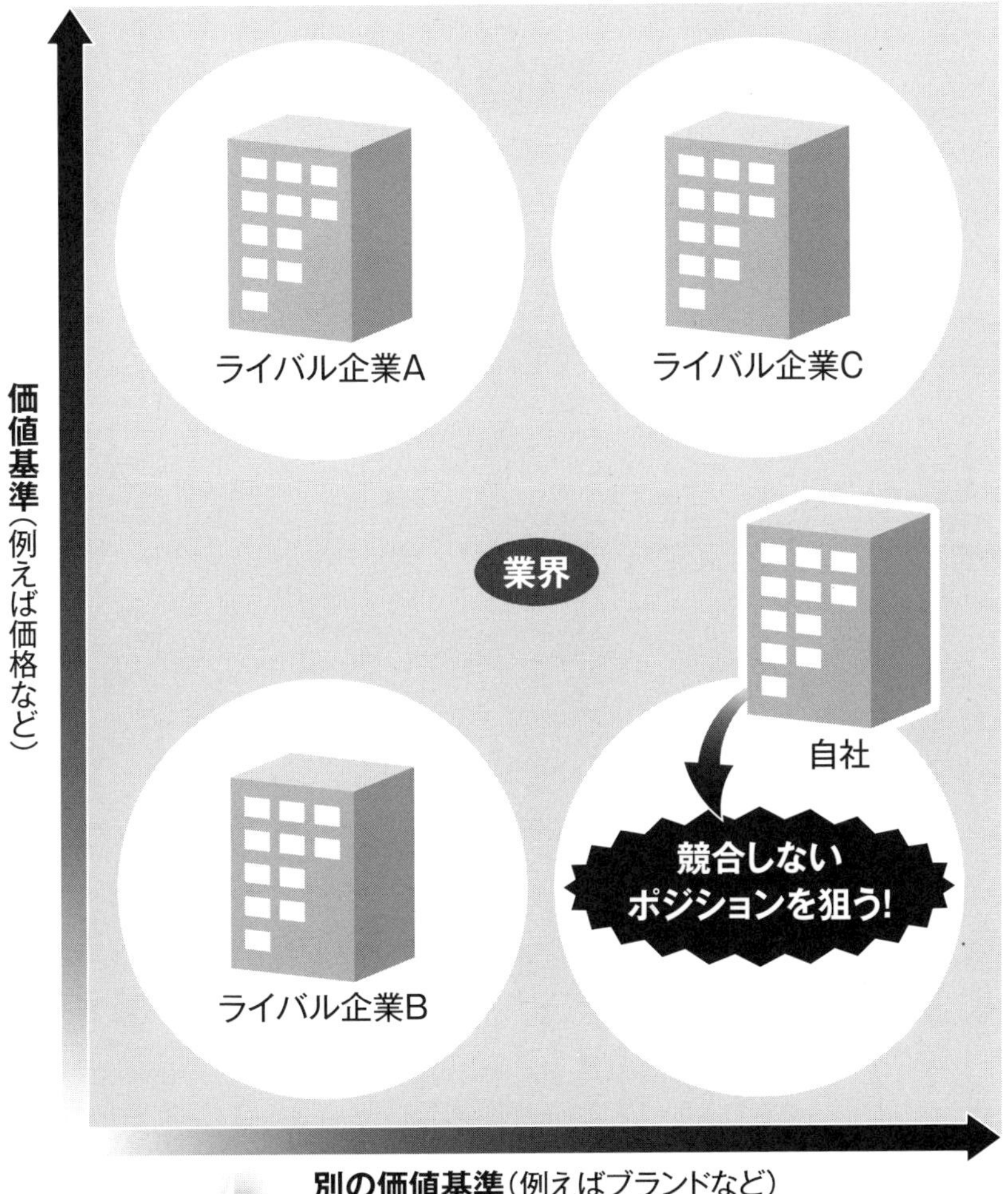
ライバル企業A
ライバル企業C
業界
自社
競合しない
ポジションを狙う!
ライバル企業B
価値基準（例えば価格など）
別の価値基準（例えばブランドなど）

**詭道は、短期的には敵をあざむくことだが、長期的には戦略的ポジショニングを定めることを意味する。**

**伝授**

大企業は意思決定に時間がかかりやすいため、中小企業の方が戦略的ポジショニングを得やすい場合もある。迅速に動き、確固たるポジションを築ければ、大企業に勝つチャンスが見えてくる。

孫子4

# 戦わずして勝つ方法を練る

『孫子』が説く理想的な勝利

**孫子曰《いわ》く、およそ兵を用うるの法、国を全《まっと》うするを上となし、国を破るはこれに次ぐ**

〈訳〉およそ兵を用いる場合は、国の保全が上策であって、敵を打ち破るのは次善の策である。

## 自社ならではのポジションを得る方法

理想的な勝利とはどのようなものだろうか。それは言うまでもなく戦わずして勝つことだろう。前項で述べた「詭道《きどう》」は、まさに戦わずして勝つために、敵と競合しないポジションを得ることの重要性を説いている。

では、どうすれば独自の戦略的ポジションを得られるのか。その一つに「4つのアクション」という手法があ

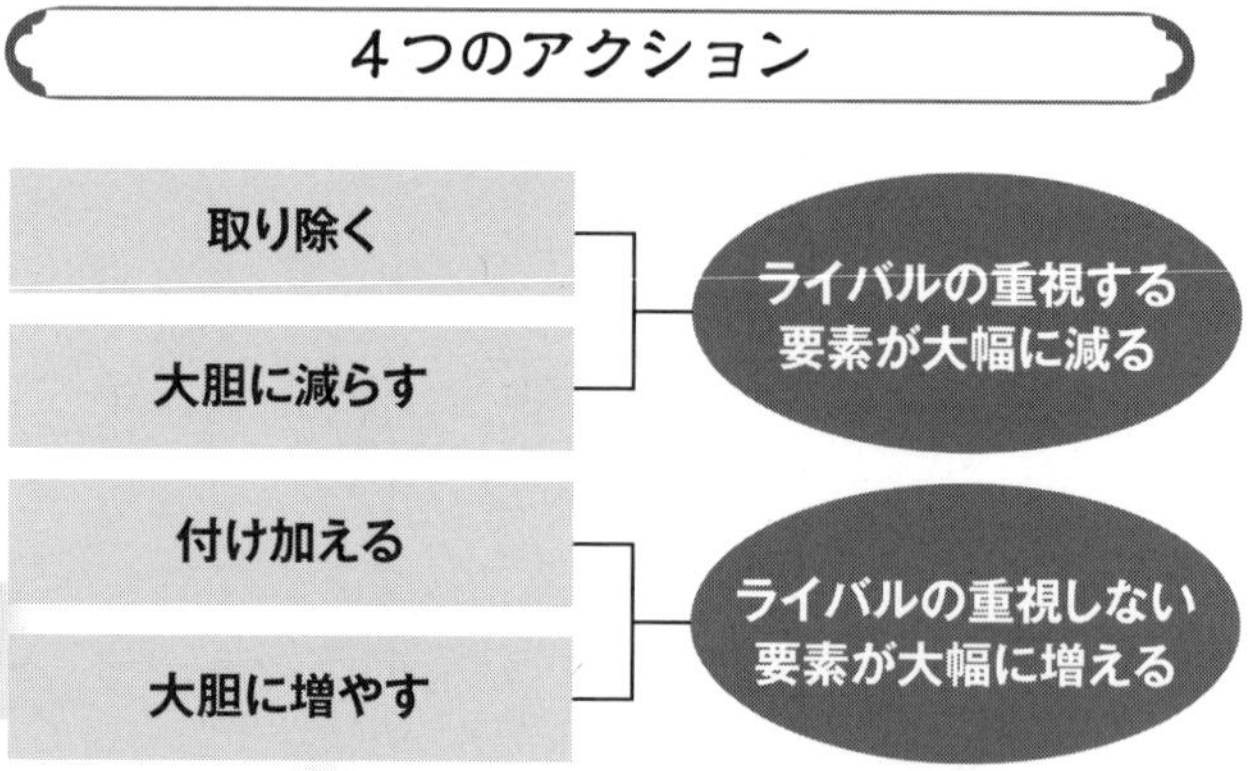
4つのアクション
取り除く
大胆に減らす
ライバルの重視する要素が大幅に減る
付け加える
大胆に増やす
ライバルの重視しない要素が大幅に増える

この4つのアクションを実践することで、自社独自のポジションが得やすくなる。

**伝授**

W・チャン・キムとレネ・モボルニュは、激しい競争が繰り広げられる市場を「レッド・オーシャン」と呼び、ライバルのいない未開拓市場を「ブルー・オーシャン」と呼んだ。

iPadに見るブルー・オーシャン戦略の実行例
大胆に減らす
通常のOSの機能を減らし、コンパクトなフォルムにした。
取り除く
キーボードや大容量HDDを取り除いた。
iPadを例に考えると……
大胆に増やす
インターネットや無線の能力を格段にアップさせた。
これによってアップル社は、タブレット端末という新たな市場を創出した。
付け加える
キーボードの代わりにタッチパネルを追加した。

る。右上図を見てほしい。これは現代の経営学者であるW・チャン・キムとレネ・モボルニュが提唱したブルー・オーシャン戦略の基本手法だが、『孫子』の兵法を咀嚼《そしゃく》したものとも考えられる。

## ■ブルー・オーシャン戦略とは何か

『孫子』の一節に、「千里を行きて労せざるものは、無人の地を行けばなり」という言葉がある。千里を走っても疲れないのは無人の地を行くからだ、という意味になる。この「無人の地」をいかに創出するかを説いているのが、ブルー・オーシャン戦略になる。

例えば、**ある製品が必ず持っていなければならない機能を大胆に取り除いたり、大胆に減らしたりするとどうなるのか。あるいはその製品に想像もしなかった機能を加えたり、全く重視していなかった機能を高めたりするとどうなるのか。**この四つのアクションを実践すれば、従来とは全く異なる価値を持つ製品やサービスが生まれ、自ずと他社と競合しないポジションを得られるだろう。

このことは、上図のようにアップル社のｉＰａｄをイメージすると分かりやすいかもしれない。

孫5子

来るべき競合に備える

# 「負けない」ための態勢を作る

孫子曰く、昔《いにしえ》のよく戦うものは、先ず勝つべからざるをなし、もって敵の勝つべきを待つ。勝つべからざるは己《おのれ》に在《あ》り、勝つべきは敵に在る。ゆえによく戦うものは、よく勝つべからざるをなす。敵をしてこれに勝つべからしむることあたわず

〈訳〉昔の強者は、まず敵に負けない態勢を整え、そのあとで敵に勝てる機会を待った。そもそも敵に負けない態勢の構築は自身の問題であり、敵が隙を作るのは敵の問題である。いくら強者といえども、敵に負けない態勢は作れても、敵に自ら負ける態勢を作らせることはできない。

## ■不敗の態勢を構築するために

最初から負けてもよいと考えて競争に参加する人や組織が存在しない以上、我々は常に自らを鍛え、負けない態勢を整えておく必要がある。

### VRIO分析の4つの問い

| | | |
|---|---|---|
| Value | 経済価値に関する問い | その経営資源は外部の機会や脅威に適応するか。 |
| Rarity | 稀少性に関する問い | その経営資源を有しているのは少数の企業か。 |
| Inimitability | 模倣困難性に関する問い | その経営資源を模倣するのは困難か。 |
| Organization | 組織に関する問い | 企業独自の経営資源を有効活用するポリシーが整っているか。 |

4つともOKならば、その「違い」はかなり有望！

**伝授**

VRIO分析は、現代の経営学者であるジェイ・バーニーが提唱したものだ。『孫子』を現代的に解釈するには有効なツールといえる。

## 「違い」を維持する（模倣されない）方法

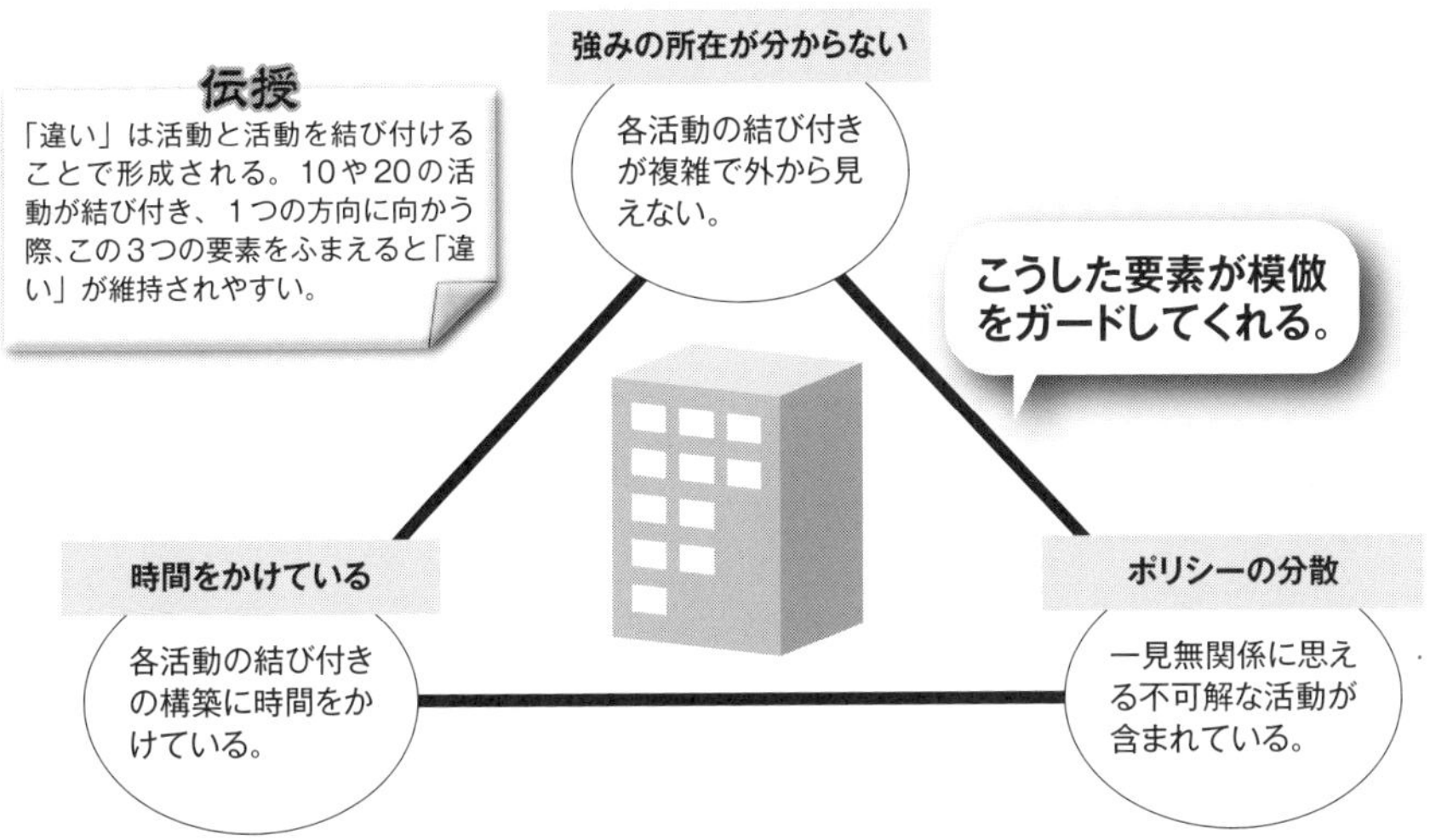
伝授
「違い」は活動と活動を結び付けることで形成される。10や20の活動が結び付き、1つの方向に向かう際、この3つの要素をふまえると「違い」が維持されやすい。
強みの所在が分からない
各活動の結び付きが複雑で外から見えない。
こうした要素が模倣をガードしてくれる。
時間をかけている
各活動の結び付きの構築に時間をかけている。
ポリシーの分散
一見無関係に思える不可解な活動が含まれている。

負けない態勢とは、一言で表せば**「違い」がいつまでも「違い」であること、そしてそれがいつまでも人から愛される「違い」であることだ。**言い換えれば、この「違い」を生み出すことさえできれば、不敗の態勢を構築できた状態にあるといえる。

では、何をもって価値ある「違い」だと判断すればよいのだろうか。残念ながら『孫子』には、具体的な方法は書かれていない。しかし、現代のビジネス理論に有用な分析方法が存在する。VRIO《ブリオ》分析がそれだ。右上図の四項目を照らし合わせて、『孫子』の説く不敗の態勢作りの参考にしてみてはどうだろうか。

Column

### 勝ち方は地味な方がよい!?

『孫子』にこんな一節がある。「よく守るものは、九地《きゅうち》の下に蔵《かく》れ、よく攻むるものは、九天《きゅうてん》の上に動き……」。守備に優れた者は自分の強みを相手に知られないようにし、攻撃に優れた者は高所から相手の動きを見て動くという意味だ。ビジネスに置き換えると、自社や自分の強みを隠すことの重要性を説いている一節だといえよう。強みの所在が分からなければ、敵は模倣することができない。長く「違い」を保ち続けるためには、あくまで地味に勝ち、敵に自分の手の内を見せないことが最上なのだ。

孫6子

組織体制の固め方

# 人脈を活かすコミュニケーション術

**衆《しゅう》を闘《たたか》わすこと寡《か》を闘わすがごとくするは、形名《けいめい》これなり**

〈訳〉多数の兵を戦わせるとき、少数の兵を戦わせるときと同様に指揮するためには、コミュニケーションが欠かせない。

## ■組織の能力を最大限発揮するために

組織で活動する場合、周囲と良好な関係を築き、円滑なコミュニケーションを行うことが成果につながる。『孫子』でもその重要性が説かれており、戦いの場合は鐘や太鼓、旗などの道具によって意思を統一すべきだとしている。では、これを現代風に解釈するとどうなるのか。

鐘や太鼓、旗の役割を考えてみよう。これらは目や耳が利かない戦いの場で意思を一つにするために存在する。現代の組織に置き換えれば、ミッションやビジョンを共有するためのあらゆるコミュニケーション技術の象徴が、鐘や太鼓だと考えればよい。

組織におけるミッションやビジョンの共有は、飲み会に誘って仲良くなるなどの慣れ合いだけでは決して生まれない。**大切なのは、組織の目標を細分化して、個人が達成しやすい目標にレベルダウンする**ことだ。例えば、企業の目標が売上げ十億円だと言われてもピンと来ないが、個人の一ヶ月分で考えれば目標が身近に感じられる。そうした目標をグループ内で共有するために「成績を上げるためにどうする?」などと、コミュニケーションが自然発生する。

つまり、個々の目標が細分化され具体的であるほど、コミュニケーションは生まれやすい。

## 組織のビジョンと個人のビジョンの関係

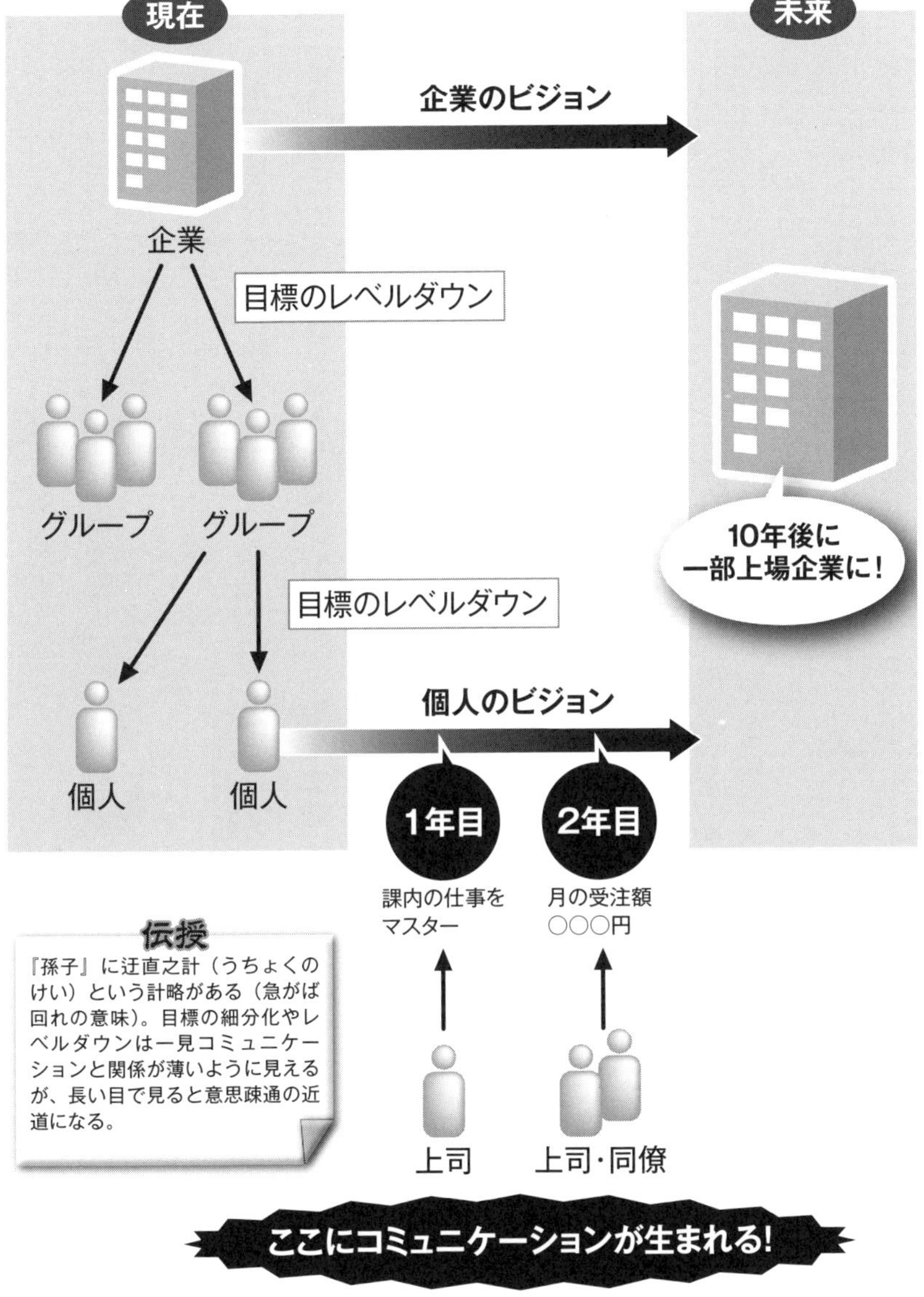
現在
未来
企業のビジョン
企業
目標のレベルダウン
グループ
グループ
目標のレベルダウン
10年後に
一部上場企業に!
個人のビジョン
個人
個人
1年目
2年目
課内の仕事を
マスター
月の受注額
○○○円
上司
上司・同僚
ここにコミュニケーションが生まれる!

**伝授**

『孫子』に迂直之計（うちょくのけい）という計略がある（急がば回れの意味）。目標の細分化やレベルダウンは一見コミュニケーションと関係が薄いように見えるが、長い目で見ると意思疎通の近道になる。

孫子7

相手に勝つための駆け引きの妙

# 実で虚を衝《つ》き、自分の強みを活かす

**三軍《さんぐん》の衆《しゅう》、必ず敵を受けて敗るることなからしむは、奇正《きせい》これなり。兵の加うるところ、碬《たん》をもって卵《らん》に投ずるがごときものは、虚実《きょじつ》これなり**

〈訳〉敵の攻撃を受けても敗れないのは、正攻法と奇策を使い分けているからである。さらに、石で卵を割るかのように敵を蹴散らすことができるのは、虚実を使い分けるからである。

## ■敵のどこに着目すればよいか

戦いが生じた場合、単に力で攻めても成果は上がらない。自分の強みを活かして敵の弱みを攻めるのが戦いの鉄則だ。「実で虚を衝く」とはそういう意味である。では、何に着目して敵の弱みを見極めるのか。それは敵が見向きもしないこと（市場）に着目するのがよい。

「実で虚を衝く」をビジネスに応用した経営戦略がある。クレイトン・クリステンセンが提唱した破壊的イノベーションだ。左図を見ると理解しやすいと思う。

## ■躍進を過度に期待しない

破壊的イノベーションを起こすためには、周到な下準備が必要になる。大企業であれば、まず社内で小さなプロジェクトを立ち上げ、さまざまな挑戦に取り組むのがよいだろう。小規模にはじめれば失敗した場合の痛手も少なく、学習の機会とも捉えやすい。

最小限のリスクを負い、大プロジェクトに展開するためのノウハウなどを得る。これこそが、「実で虚を衝く」際の心得だ。成功すれば、孫子が言うように「敵我と戦うを得ざる（敵がこちらを攻められない）」状況を作り得ることもあるだろう。

## 破壊的イノベーションのメカニズム

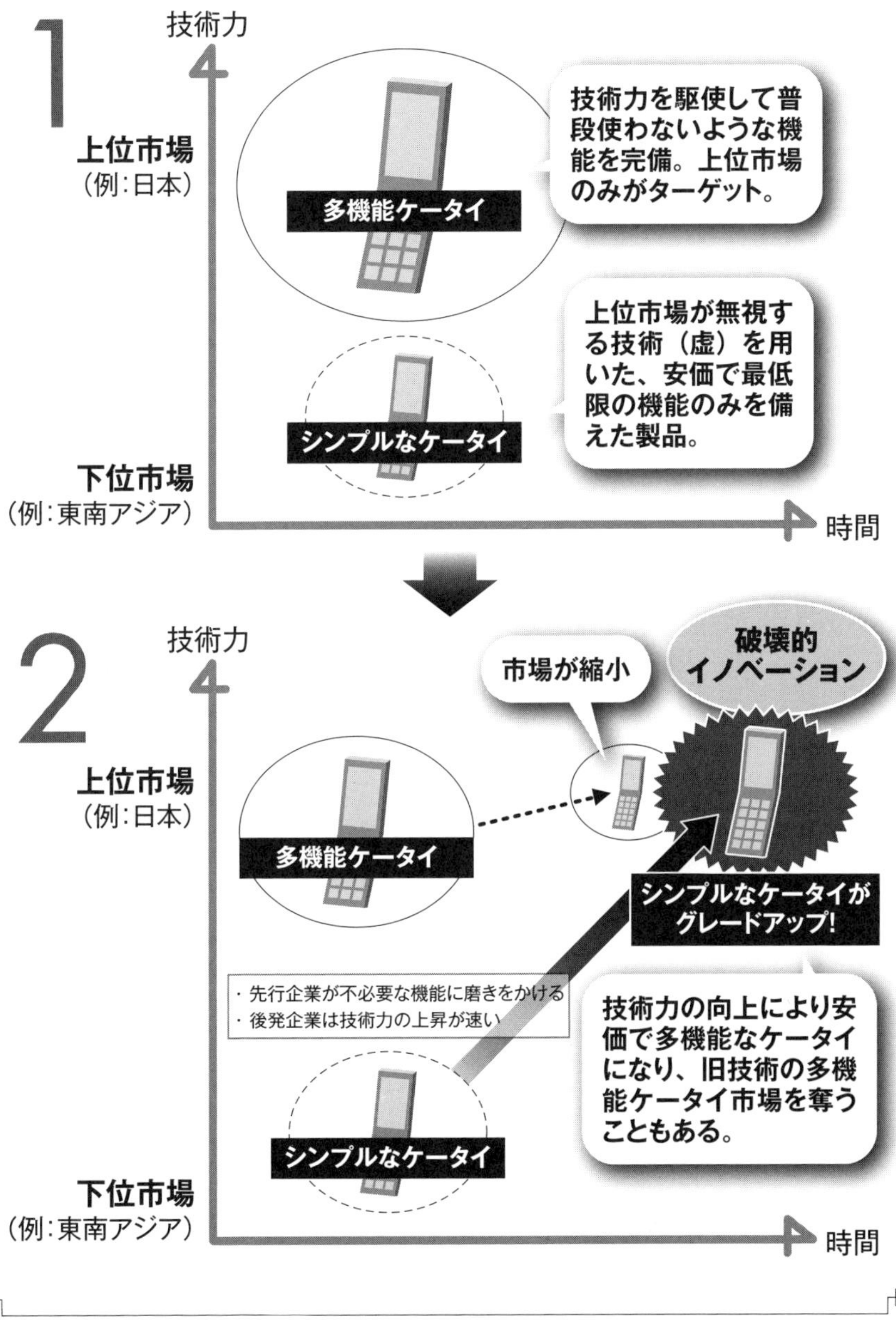
1
技術力
上位市場
（例：日本）
多機能ケータイ
技術力を駆使して普段使わないような機能を完備。上位市場のみがターゲット。
上位市場が無視する技術（虚）を用いた、安価で最低限の機能のみを備えた製品。
シンプルなケータイ
下位市場
（例：東南アジア）
時間
2
技術力
市場が縮小
破壊的イノベーション
上位市場
（例：日本）
多機能ケータイ
シンプルなケータイがグレードアップ!
・先行企業が不必要な機能に磨きをかける
・後発企業は技術力の上昇が速い
技術力の向上により安価で多機能なケータイになり、旧技術の多機能ケータイ市場を奪うこともある。
シンプルなケータイ
下位市場
（例：東南アジア）
時間

孫8子

組織運営に潜む落とし穴

# リーダーが直面する五つのリスク要因

## リーダーが直面する5つのリスク要因

必死……決死の覚悟

必生……生き延びようとすること

忿速……急激な怒り

廉潔……心清く私欲がないこと

愛民……民（部下）を愛すること

**伝授**

5つのリスクの枕詞に「度を超した」と入れると本来の意味になる。例えば「度を超した廉潔」など。

ゆえに将《しょう》に五危《ごき》あり。必死《ひっし》は殺すべし。必生《ひっせい》は虜《とりこ》とすべし。廉潔《れんけつ》は辱《はずかし》むべし。忿速《ふんそく》は侮《あなど》るべし。愛民《あいみん》は煩《わずらわ》すべし。およそこの五つのもの、将の過《あやまち》なり。兵を用うるの災《わざわ》いなり

〈訳〉

将には五つのリスク要因がある。死ぬつもりでいれば本当に殺され、生き残ることばかり考えていたら捕らえられ、怒りのまま行動すると侮られ、廉潔だけでは罠に陥り、誰もが満足するように努めると苦労する。およそこの五つは将の過ちである。兵を用いる際に災いとなる。

## ■五つのリスク要因とは何か

不景気が騒がれる昨今、大組織が転覆《てんぷく》したり、著名な社長が失脚したりする話をよく耳にする。これらの原因を探求すると、多くの場合、次の五つの要因に集約でき

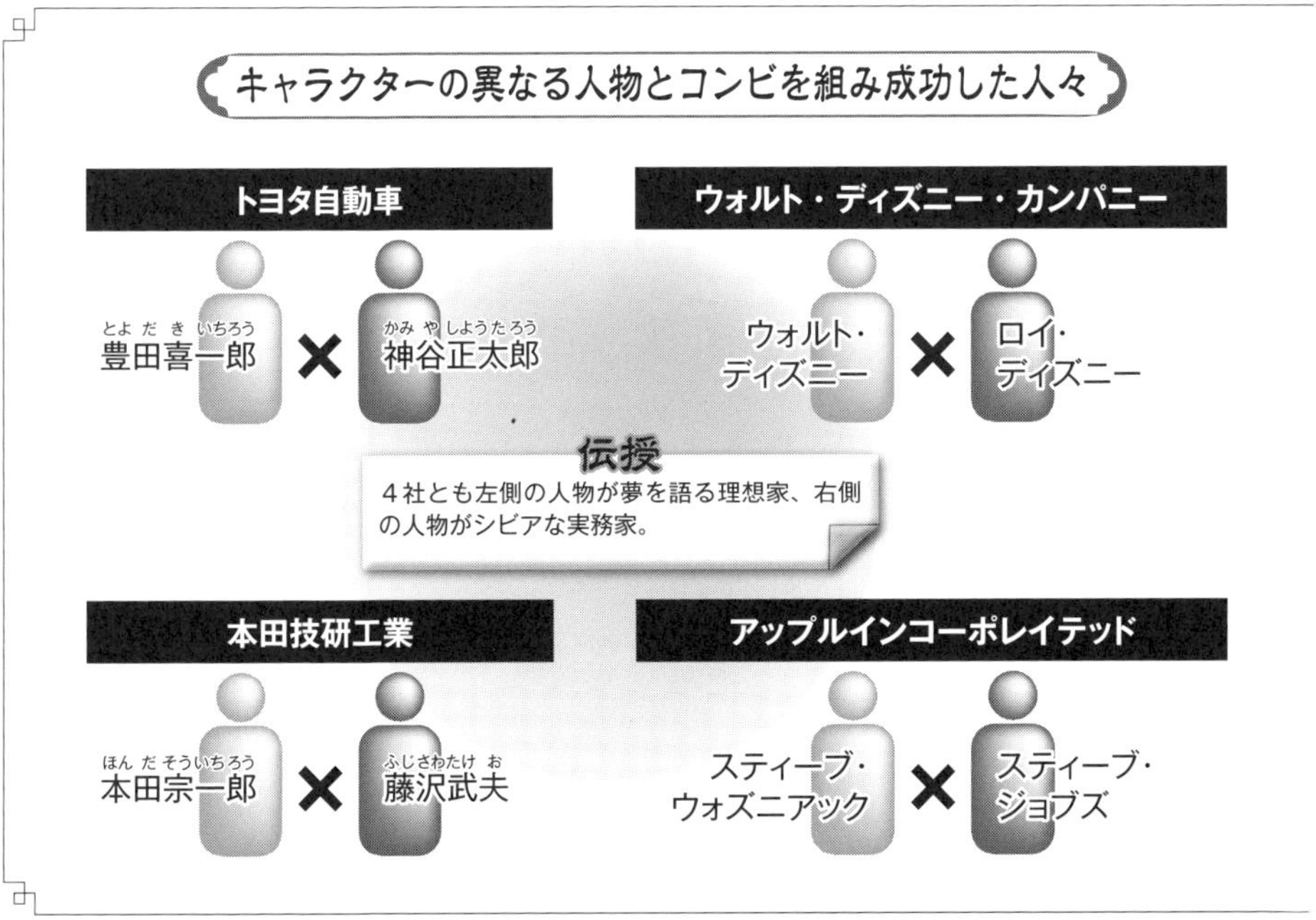
キャラクターの異なる人物とコンビを組み成功した人々
トヨタ自動車
豊田喜一郎《とよだきいちろう》
×
神谷正太郎《かみやしょうたろう》
ウォルト・ディズニー・カンパニー
ウォルト・ディズニー
×
ロイ・ディズニー
伝授
４社とも左側の人物が夢を語る理想家、右側の人物がシビアな実務家。
本田技研工業
本田宗一郎《ほんだそういちろう》
×
藤沢武夫《ふじさわたけお》
アップルインコーポレイテッド
スティーブ・ウォズニアック
×
スティーブ・ジョブズ

る。すなわち、「必死」、「必生」、「忿速」、「廉潔」、「愛民」である。

　しかし五つをよく見ると決して悪要素ばかりではなく、必死や廉潔、愛民など、むしろリーダーに不可欠な要素が含まれている。孫子はこれら五つが不必要だと説いているわけではなく、**度を越してしまうとリスク要因になると説いているのである。つまりバランス感覚が欠かせないというわけだ。**

## ■五つのリスク要因の避け方

　人は熱が入りすぎたり、苦境に陥ったりすると盲目になってしまうことが多く、一方に偏ってバランスを失いがちになる。これを避けるために優れたリーダーは、自分とは全く異なるキャラクターを持つ人物とコンビを組むことを好むようだ。上図のように、夢を語る理想家と現実を見据えた実務家が手を携え、大事業がなされたケースは非常に多い。

　五つのリスク要因を避けて事業を成功へと導くためには、自分にないものを周囲の人々に求める素直さも大切なのかもしれない。

孫9子

# 人材配置の妙が強いチームを作る

成果は人ではなく勢いがもたらす

コッターの人材配置方法

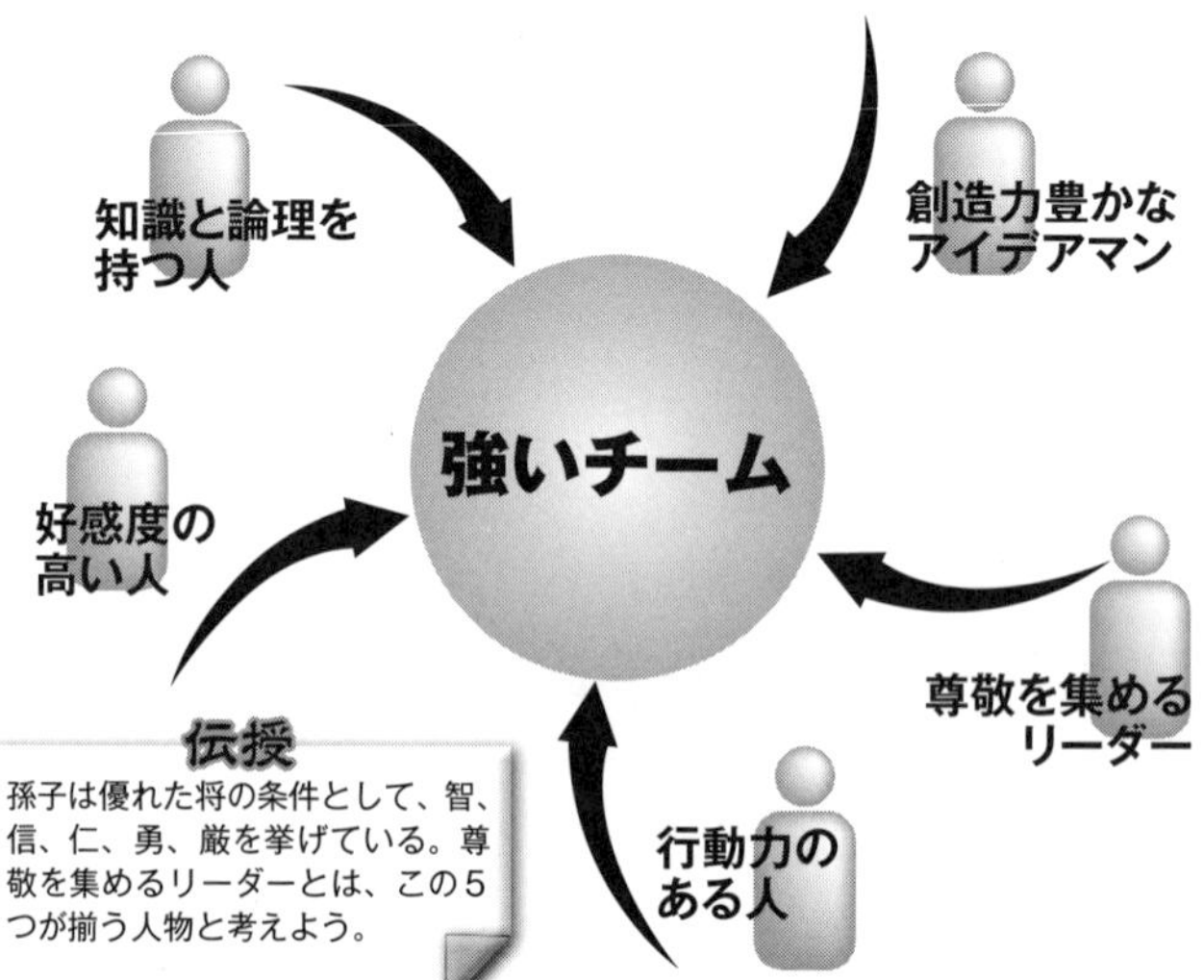
強いチーム
知識と論理を持つ人
創造力豊かなアイデアマン
好感度の高い人
尊敬を集めるリーダー
行動力のある人

**伝授**
孫子は優れた将の条件として、智、信、仁、勇、厳を挙げている。尊敬を集めるリーダーとは、この5つが揃う人物と考えよう。

**勝者の民を戦わしむるや、積水《せきすい》を千仞《せんじん》の谷に決するがごときものは形《かたち》なり**

〈訳〉優れた将が兵を戦わせる方法は、満々とたたえた水を千仞の谷の上から放つようなものである。これを態勢という。

## ■勢い、態勢、タイミングが大事

リーダーの役割は組織やチームがより効率的に動けるよう万端整えることだ。『孫子』では、これを「積水」という言葉を用いて説いている。

積水とは水の集合体を指す言葉だが、右記にあるように千仞の谷の上から放てば、途方もない力（勢い）が生まれる。そのためには態勢とタイミングを整えることが

ハーマンモデルとは

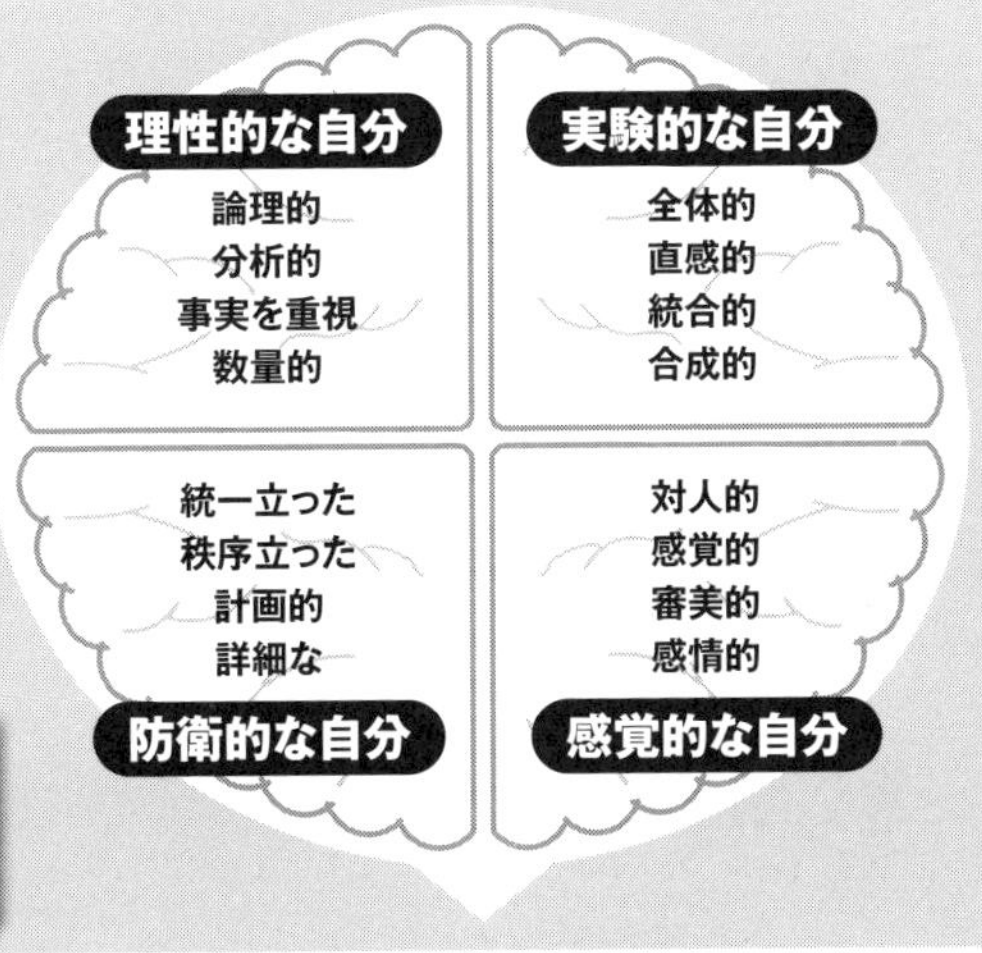
理性的な自分
論理的
分析的
事実を重視
数量的
実験的な自分
全体的
直感的
統合的
合成的
統一立った
秩序立った
計画的
詳細な
防衛的な自分
対人的
感覚的
審美的
感情的
感覚的な自分

**伝授**
チーム編成の際は、メンバーの編集を人の脳の構造に似せるのがポイントだ。

欠かせないが、まずリーダーが考えなければならないのは態勢、すなわち適材適所の見分け方だ。

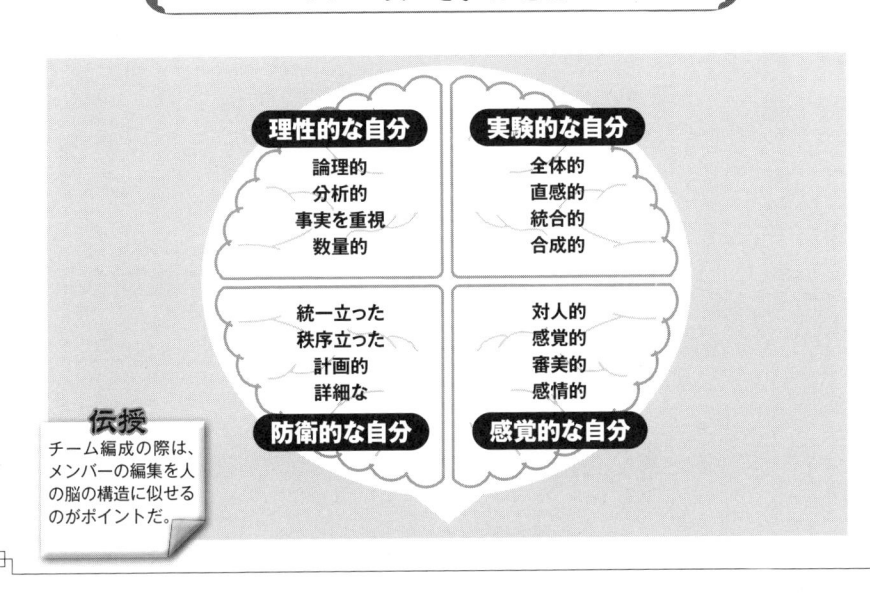

## ■人材配置の勘所

残念ながら、『孫子』には適材適所の具体例までは書かれていない。そこで、現代の理論から二つの手法を紹介したい。ジョン・コッターの人材配置方法と、ネッド・ハーマンの「ハーマンモデル」だ。いずれも『孫子』に通じる考え方が随所に見られる。

経営学者でリーダーシップ論の権威であるジョン・コッターは、右上図「コッターの人材配置方法」のように、チームは五つの特徴を持つ人物で構成するのがコツだと述べている。また脳科学者のネッド・ハーマンは、上図「ハーマンモデルとは」のように、人間の脳は四つに分けられると考えた。そして人はいずれかの資質に長けるものであるため、それぞれ四つの資質に長けた人物をまんべんなく配置する方法を説いている。

こうした手法をもとに**適材適所を実践し、その上でタイミングを見計らって動かせば、自ずと勢いは生まれる**ものだと考えよう。

孫子10

部下と良好な関係を築く

# 部下の能力を引き出す管理法

ゆえに兵に走るものあり、弛《ゆる》むものあり、陥《おちい》るものあり、崩《くず》るるものあり、乱《みだ》るるものあり、北《に》ぐるものあり。およそこの六つのものは、天の災《わざわ》いにあらずして、将《しょう》の過《あやま》ちなり

〈訳〉 ゆえに兵には逃げる者あり、弛緩している者あり、能力を発揮できない者あり、勝手な行いをする者あり、乱れる者あり、負ける者あり。およそこの六つは、天の災いではなく、将のミスである。

## ■部下の管理に潜む落とし穴

部下との信頼関係が築けていないのに厳しく叱ったり、信頼関係が築けているのに言うべきことを言わなかったりすると、チームは上手く機能しない。そんなとき、孫子は報酬で部下を納得させたり、厳しい規則で統制せよと説いている。

しかし、孫子の時代は農民などの非戦闘員によって戦いが行われていたため、その考えは素人兵士をいかに統率するかに重点が置かれている。現代ビジネスにおいては、**報酬や厳罰だけでなく、やりがいや達成感などの心理面の啓発が重要になってこよう**。そこで気をつけたいのが、部下が仕事に取り組む際の心理的なケアだ。

## ■負けを回避する処方箋

『孫子』では、負けに至る道として六つの原因を挙げている。左図の「負けに至る6つのケース」を見てほしい。こうした状況に陥らないよう注意を払うのが、優れたリーダーの条件だといえよう。

## 負けに至る6つのケース

あまりにも強い敵に部下を立ち向かわせると……

↓

**走る(逃げる)**

部下が威張り、リーダーが弱腰だと……

↓

**弛む**

リーダーが威張り、部下が弱腰だと……

↓

**陥る**

部下が怒りに任せて戦うと……

↓

**崩れる**

リーダーシップが欠如すると……

↓

**乱れる**

リーダーが相手の力量を見誤ると……

↓

**北《に》げる(負ける)**

### 伝授

6つのケースに陥らないようチームを管理した上で、以下の「勝ちを知る道」を踏まえて行動する。①ミッションを行うべきか否かの判断、②大きな組織を小さな組織のように扱う、③ミッションを組織全体に浸透させる、④戦略を持たぬ相手を見つけて敵とする、⑤実務は現場に任せる。

孫子 11

## 新製品投入の着眼点

# 自社に最適な市場を見極める

6つの地形を市場に置き換えると……

| | |
|---|---|
| 通ずるもの | ● 四方に通じる（オープンな）市場 |
| 挂けるもの | ● 参入すると撤退困難な市場 |
| 支うるもの | ● 複雑に分かれている市場 |
| 隘きもの | ● 狭い隙間の市場（ニッチ市場） |
| 険しきもの | ● 参入が困難な市場 |
| 遠きもの | ● 将来の成長市場 |

**地形には、通《つう》ずるものあり、挂《か》けるものあり、支《つか》うるものあり、隘《せま》きものあり、険《けわ》しきものあり、遠きものあり**

〈訳〉

地形には、視界が開けている場所、障害が多い場所、枝分かれした場所、狭い場所、険しい場所、敵味方の陣が遠く離れている場所がある。

## ■地形の見極め＝市場の見極め

『孫子』の兵法には、地形についての表記が多い。これは当然、地形に関する情報の把握が戦いを有利に進める要因になるためだ。ビジネスもまた戦いであり、その主要な舞台の一つが市場におけるシェア争いであることを考えれば、「地形＝市場」と捉えることに何ら違和感は

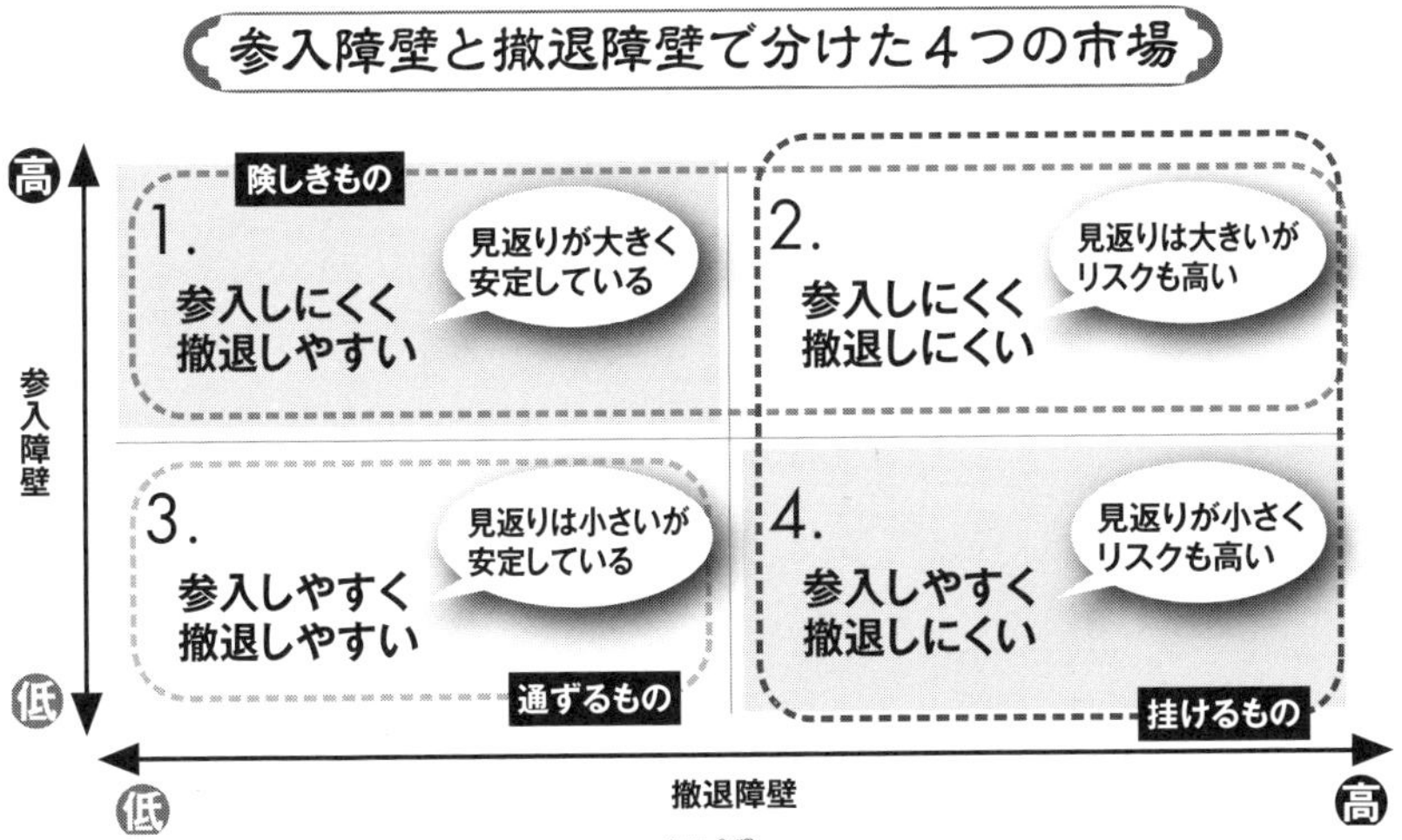
参入障壁と撤退障壁で分けた4つの市場
高
参入障壁
低
険しきもの
1.
参入しにくく
撤退しやすい
見返りが大きく
安定している
2.
参入しにくく
撤退しにくい
見返りは大きいが
リスクも高い
3.
参入しやすく
撤退しやすい
見返りは小さいが
安定している
通ずるもの
4.
参入しやすく
撤退しにくい
見返りが小さく
リスクも高い
挂けるもの
低
撤退障壁
高

**伝授**

通信業界を例に挙げると、インフラを整えるのに時間とコストがかかる上、失敗しても簡単に事業売却できないため、参入しにくく撤退しにくい。すなわち 2. のカテゴリーになる。

ないであろう。

では、市場を見極めるにはどの点に着目すればよいのだろうか。それには、現代の経営学者、マイケル・ポーターが提唱する「参入障壁と撤退障壁」の考え方と、『孫子』とを組み合わせるのがよいと思う。

## ■もっともリスクの少ない市場をとる

参入障壁とは、市場に参入する際の障害になる要因のことで、これが高ければ新規参入が難しい。撤退障壁とは、市場から撤退する際の障害になる要因のことで、これが高ければ市場から撤退しにくい。この二つの障壁を基準に市場を分けると、上図「参入障壁と撤退障壁で分けた4つの市場」のように四つに分類できる。

ここで注目してほしいのが、3.の「参入しやすく撤退しやすい」カテゴリーだ。ここは二つの障壁がいずれも低いため、右記の章句にある「通ずるもの」に該当する。**「通ずるもの」から市場に参入し、何らかの方法で参入障壁を高めることができれば、市場におけるシェア争いで優位に立てる。**グーグルによるインターネット広告などはその一例といえよう。

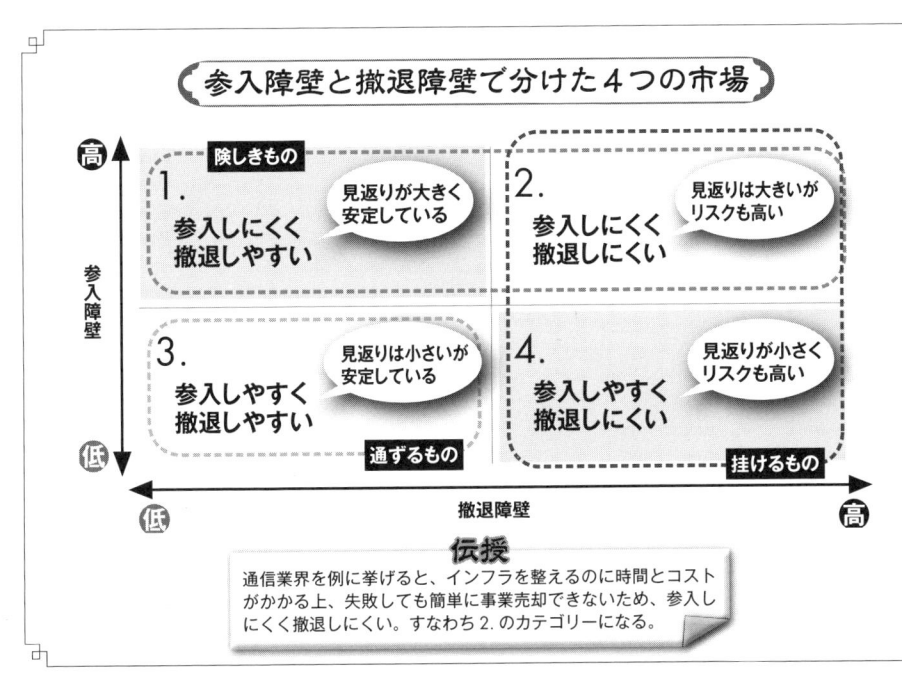

孫子12

「九地《きゅうち》」の意味を読み解く

# 市場に製品を投入する際の注意点

**兵を用うるの法、散地《さんち》あり、軽地《けいち》あり、争地《そうち》あり、交地《こうち》あり、衢地《くち》あり、重地《じゅうち》あり、圮地《ひち》あり、囲地《いち》あり、死地《しち》あり**

〈訳〉兵を用いる状況には、散地、軽地、争地、交地、衢地、重地、圮地、囲地、死地の九種類がある。

## ■九地は製品の置かれた状況を指す

前項で紹介した六つの地形は、自然にできた地形を指しているのに対して、ここで紹介する「九地」は、敵と交わるときの地形を指している。ビジネスに置き換えると、市場に製品が投入された状況を示しているといえよう。つまり、**製品の置かれた状況が九地のどの状況に当てはまるのかを把握できれば、市場に対しどのように動くべきかが見えてくる**はずだ。

## ■四つのステージと九地を組み合わせる

市場に投入された製品は通常、導入期、成長期、成熟期、衰退期の四つのステージに従って推移していく。もちろん、各ステージによって製品の流通・販売方法は異なってくる。

例えば、導入期であればいかに製品の流通量を増やすかを考えなければならないし、衰退期であれば戦略の大転換を模索しなければならない。こうした経営戦略にヒントを与えてくれるのが九地なのだ。

市場に投入された製品の状況は、刻々と変化することを忘れてはならない。

## プロダクト・ライフサイクルと九地

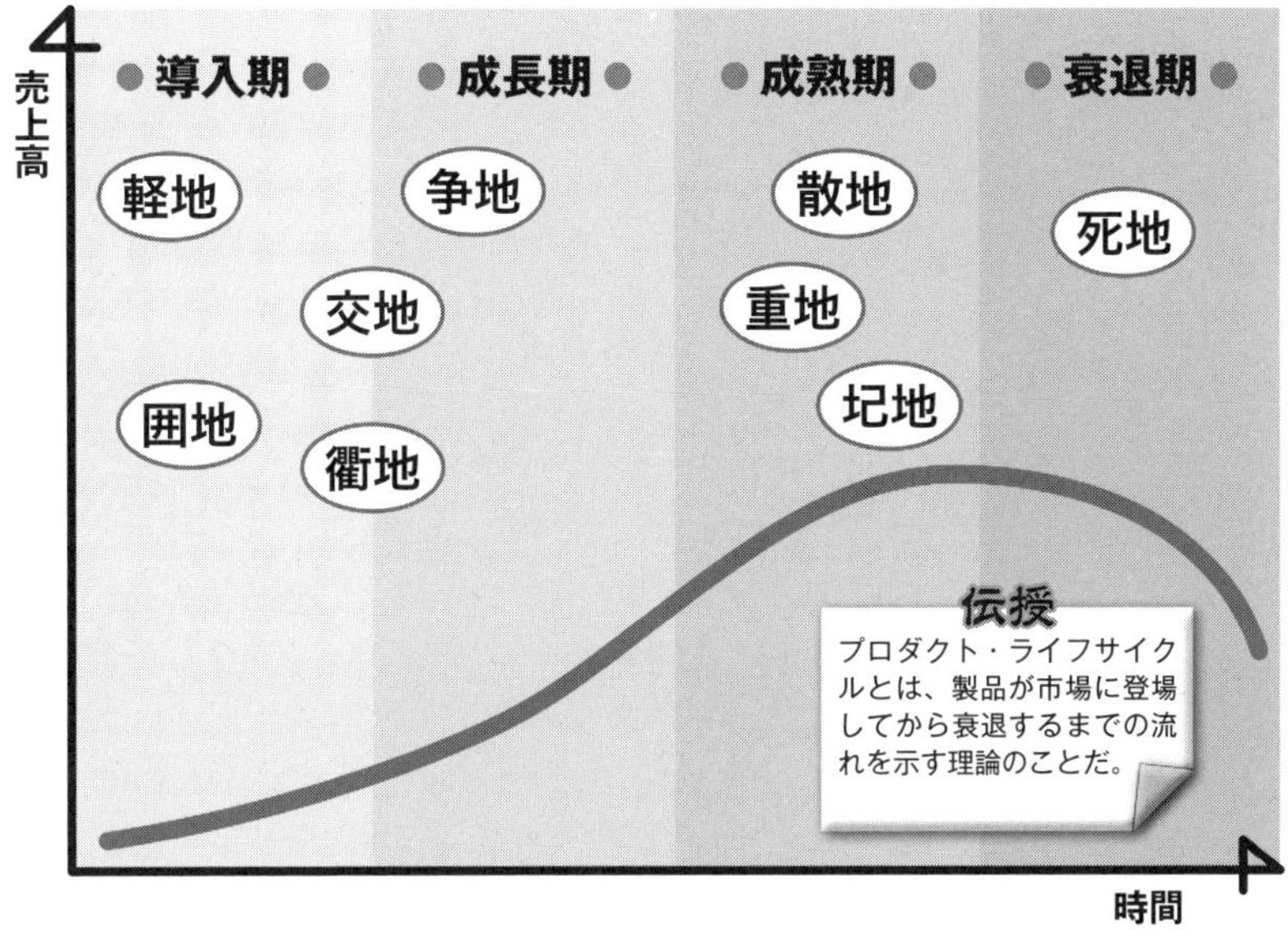
導入期
成長期
成熟期
衰退期
売上高
時間
軽地
争地
散地
死地
交地
重地
圮地
囲地
衢地
伝授
プロダクト・ライフサイクルとは、製品が市場に登場してから衰退するまでの流れを示す理論のことだ。

## 九地の意味

| | | | |
|---|---|---|---|
| 散地 | 自国の領内 | 軽地 | 相手領に浅く侵入した地 |
| 争地 | 手に入れるとメリットがある地 | 交地 | 敵・味方とも侵攻できる地 |
| 衢地 | 先に手に入れると天下の人を味方にできる地 | 重地 | 慎重に行動すべき地 |
| 圮地 | 侵攻が困難な地 | 囲地 | 小人数で大人数を包囲できる地 |
| 死地 | 動きのとれない地 | | |

孫子13

競争を有利に運ぶ条件

# 成果の原動力は「拙速《せっそく》」にあり

### 度・量・数・称・勝を市場に当てはめると……

- **度** 目標とする市場シェアを測る
- **量** 投入資本を量る
- **数** 動員すべき人数を数える
- **称** ライバルとの能力を比較する
- **勝** 勝敗を見極める

度は量を決める値となり、量は数を決める値となり、数は称を決める値となり、称は勝を決める値となる。

**ゆえに兵は拙速を聞くも、いまだ巧《こう》の久しきを睹《み》ざるなり。それ兵久しくして国に利あるものいまだこれあらざるなり**

〈訳〉戦いは少々粗があっても短期決戦が望ましく、長引かせた方が得策だという話は聞いたことがない。長期戦によって国に利があるという話も聞いたことがない。

## ■拙速は悪い意味ではない

通常「拙速」は、出来上がるのは速いが仕上がりが雑という悪い意味で用いられる。しかし戦いの場合、策を講じる際に完璧を求めて攻略に時間がかかってしまえば、その間に勝機を逸する可能性が生じてしまう。それなら

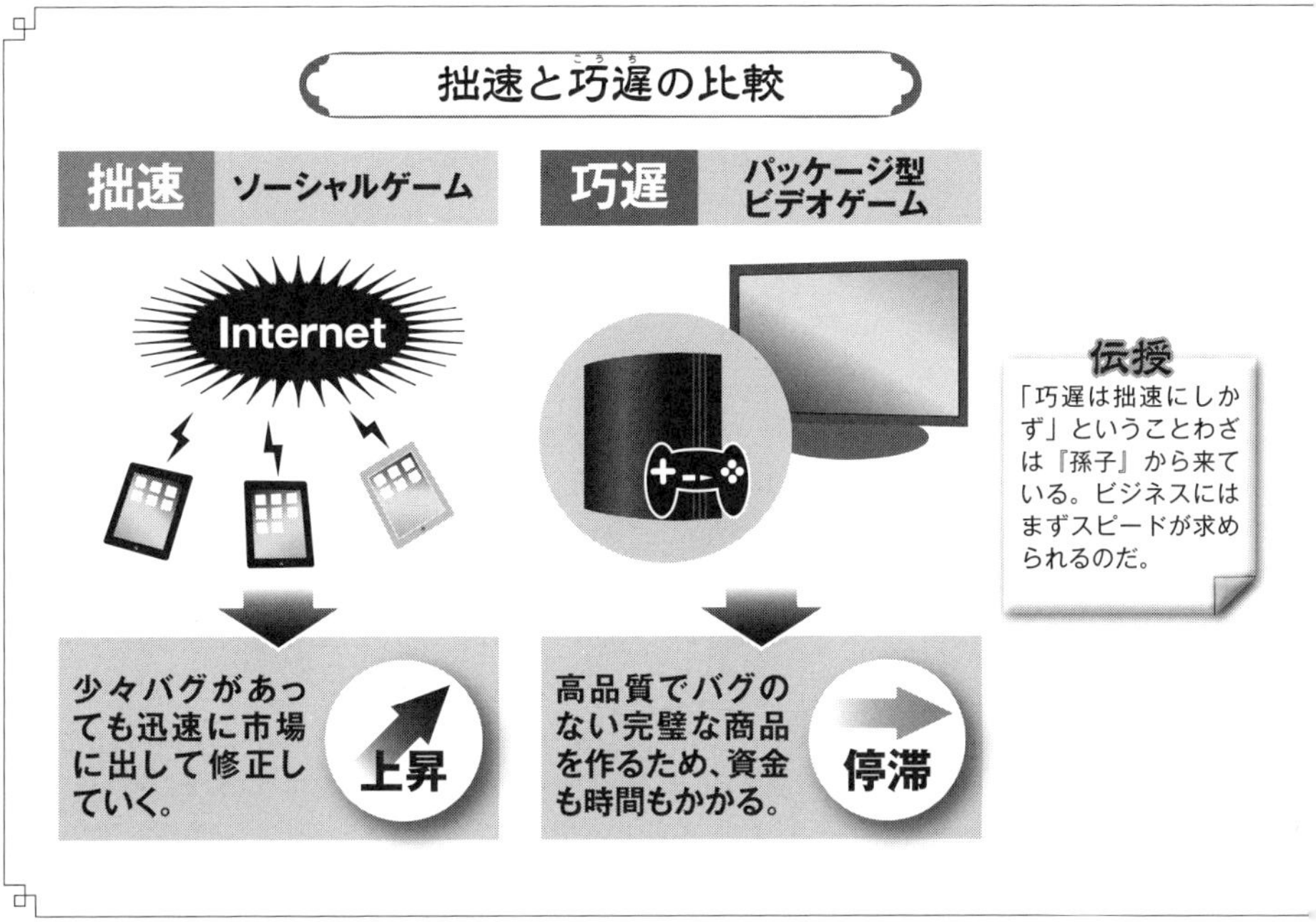
拙速と巧遅《こうち》の比較
拙速 ソーシャルゲーム
巧遅 パッケージ型ビデオゲーム
Internet
少々バグがあっても迅速に市場に出して修正していく。
上昇
高品質でバグのない完璧な商品を作るため、資金も時間もかかる。
停滞
伝授
「巧遅は拙速にしかず」ということわざは『孫子』から来ている。ビジネスにはまずスピードが求められるのだ。

ば、多少つたない戦い方であったとしても短期決戦で結果を求める方が得策である――。これが『孫子』の言う「拙速」の本質だ。

ビジネスでも同様のことがいえる。

例えばあるプロジェクトを動かす場合、大きな長期的目標を立てるよりも、小さな短期的目標を細かく立てて前進した方が成果は上がりやすい。そうすると、**小さくても成果が出ているという自信が生まれ、人々のやる気を喚起するのだ。**いわば、成果が成果を呼ぶ好循環がチームに生まれやすい。

## ■拙速を実践する際の注意点

もちろん、単に速ければよいというわけではない。拙速の前提には適切な目標と攻略法が欠かせない。その際は、『孫子』にある「一に曰《いわ》く度《ど》、二に曰く量《りょう》、三に曰く数《すう》、四に曰く称《しょう》、五に曰く勝《しょう》」を参考にするとよい。これは長さを測り、分量を量り、数を勘定し、優劣を判断し、勝敗を見極めるという意味になる。市場と自社を徹底的に分析した上で迅速に行動することが、勝利の条件だといえよう。

孫子14

刻々と変わる市場の分析

# 環境の変化に対応して組織を活かす

予期せぬ出来事の活かし方の例
予期せぬ成功
中国からの受注が急激に増加した
原因を調査
中国国内のサイトで我が社の製品が大々的に取り上げられていた！
原因を踏まえた戦略を実行
中国語版のHPを立ち上げ顧客を誘致
顧客拡大！
伝授
予期せぬ出来事の原因分析も市場の変化を読み取る方法の一つだ。予期せぬ成功のほか予期せぬ失敗にも充分に注意したい。

**ゆえに将《しょう》、九変《きゅうへん》の地利《ちり》に通ずるものは、兵を用うるを知る。将、九変の利に通《つう》ぜざるものは、地形を知るといえども地の利を得ることあたわず**

〈訳〉多様な環境の変化に通じている将は、戦い方を知っている。環境の変化に鈍感な将は、地形を知っていたとしても地の利を得ることはできない。

## ■変化をいかに察知するのか

戦いの場において環境が変化するのと同様に、ビジネスにおける市場も刻々と変化する。優れたリーダーは予期せぬ変化（出来事）を敏感に察知し、適応する方法を考えなければならない。つまり、**変化に素早く気づき、柔**

## インテルが行った体系的廃棄

**状況**

インテルはかつて半導体メモリ製造の大手だった。しかし1980年代、半導体メモリ市場に日本企業が参入して廉価で高性能の製品を売りさばいた。インテルは苦境に立たされ、当時のCEOゴードン・ムーアと後のCEOアンドリュー・グローブが会議を行った。

1 **我々がクビになり新しいCEOが来たら何をするか** ― やっていないと仮定する

2 **メモリ事業にNOを出すと判断** ― 今からでもやるかを考える

3 **自発的にメモリ事業から撤退** ― NOなら即廃棄

↓

**経営資源がCPUに集中され、それが現在のインテルの基礎となった**

**軟な対処法を導き出すことがリーダーの役割だといえる。**

残念ながら、『孫子』には環境の変化を察知する具体的方法は明記されていない。そこで、現代経営学者のドラッカーが提唱した「体系的廃棄」と組み合わせて、変化に対応する術《すべ》を考えてみたい。

体系的廃棄とは、古臭くなったものを捨てることで環境に適応する方法だ。現在やっていることをやっていないと仮定し、その上で今からでも実行するか否かを自問する。答えがノーなら即座に廃止する。時代に合わない考え方や道具を一新するのに極めて有効だ。定期的に活用すれば変化に敏感な組織が育つだろう。

### Column

### マーケット・シグナルに注目

市場が変化する際、ライバル企業や自社、顧客から「マーケット・シグナル」と呼ばれる徴候が現れる。社内状況などを直接的・間接的に表す徴候のことで、正確にキャッチできれば競争戦略を立てるのに大いに役立つ。以下はマーケット・シグナルのほんの一例だ。参考にしてほしい。

・動きの予告（事前発表）
・業界事情についてライバル企業のコメント
・自社の動きについてのコメント
・過去の目標とのズレ
・業界で前例のない行動
・攻撃用のブランドの登場　　等

孫子15

交渉や駆け引きに役立つ兵法

# 顧客を囲い込んでから利益を得る

客《かく》、水《すい》を絶《わた》りて来たらば、
水内《すいない》にこれを迎えることなく、
半《なか》ば済《わた》らしめて
これを撃《う》たば利なり

〈訳〉敵が川を渡ってきたならば、渡河中に迎え討つのではなく、半分が渡河し終えたときに討つ方がよい。

## ■顧客をいかにして誘い込むか

サンプルを無料配布する商品や、無料お試し期間を設けたサービスは数多い。これは、ある特定の商品やサービスを利用しはじめると他に変更するのがためらわれるという消費者心理をついた手法で、「顧客ロックイン戦略」と呼ばれている。下記の『孫子』の一句のとおり、顧客を「半ば済らしめて」から利を得ようという作戦だ。

## ■一対一の場合に応用できる兵法

また、顧客ロックイン戦略が大多数の顧客に対する手法であるのに対し、一対一の交渉の場面で役立つ兵法も存在する。「はじめは処女のごとくなれば、敵人戸《てきじんと》を開く。後に脱兎《だつと》のごとくなれば、敵、拒むこと及ばず」という言葉がある。最初は娘のように振る舞って敵に門戸を開いてもらい、その後逃げ出すウサギのような俊敏さで敵を出し抜くという意味になる。これは、**本命の要求を通すためにまず簡単な要求からスタートして段階的に要求レベルを上げていくという、いわゆる「フット・イン・ザ・ドア・テクニック」に通じる。**

ビジネスに駆け引きは付き物だ。ルール違反でない限り、相手の裏をかくことも必要だと心得るべきであろう。

## はじめは処女のごとく、後に脱兎のごとく

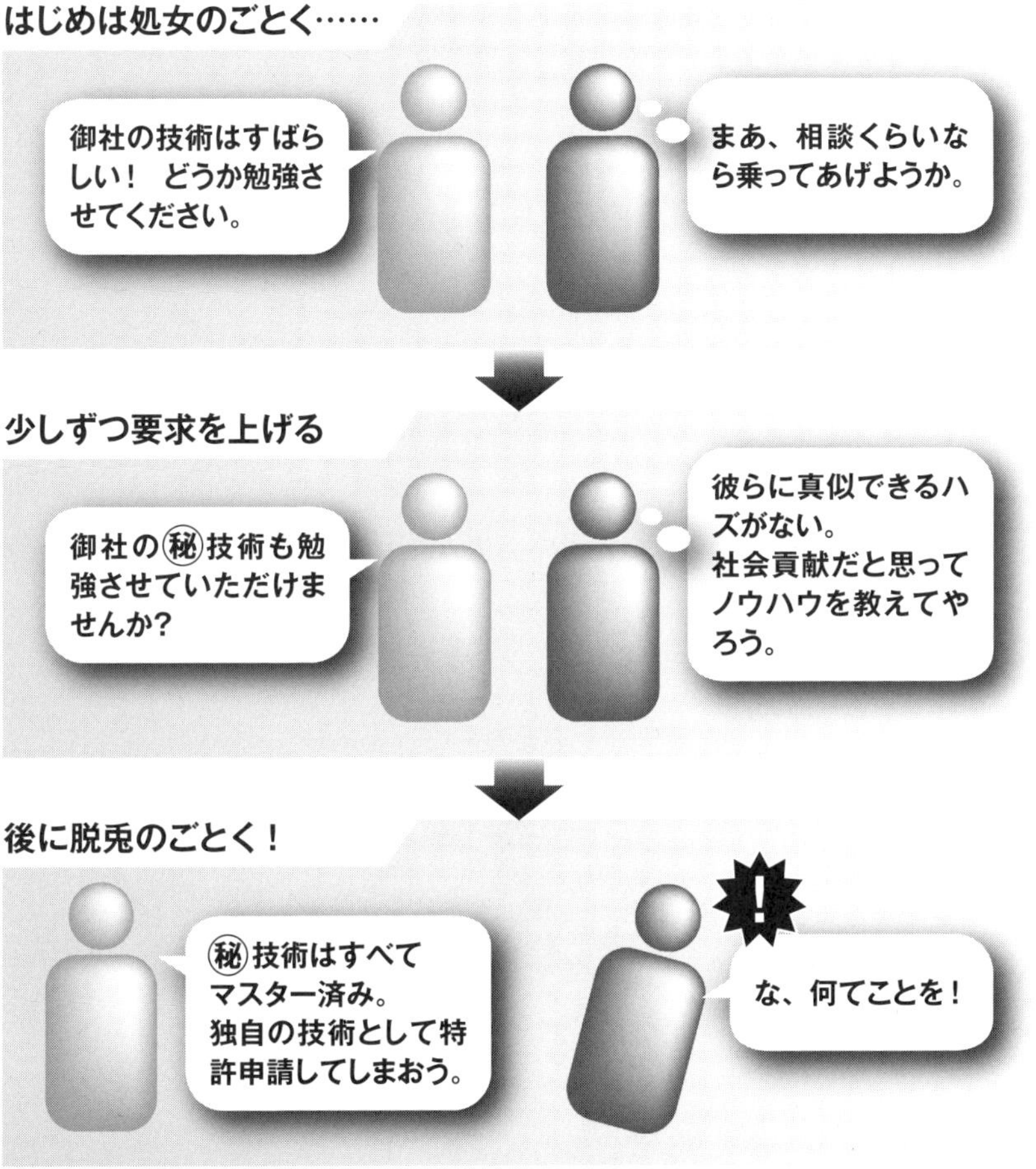
はじめは処女のごとく……
御社の技術はすばらしい！　どうか勉強させてください。
まあ、相談くらいなら乗ってあげようか。
少しずつ要求を上げる
御社の㊙技術も勉強させていただけませんか?
彼らに真似できるハズがない。社会貢献だと思ってノウハウを教えてやろう。
後に脱兎のごとく！
㊙技術はすべてマスター済み。独自の技術として特許申請してしまおう。
!
な、何てことを！

『兵法三十六計』に「反客《はんかく》為《い》主《しゅ》」という言葉がある。「軒を貸して母屋を取られる」という意味だ。これは「はじめは処女のごとく、後に脱兎のごとく」によく似ている。

上図のやりとりは2011年に中国が高速鉄道車両の製造技術をアメリカなどで特許申請した事件を参考にしている。中国は日本の川崎重工業が供与した新幹線技術を独自の技術として特許申請する動きを見せた。

孫子16

「奇正《きせい》」と創造力の関係

# 新しい組み合わせからアイデアは生まれる

## ■戦略・戦術は無限に存在する

戦いでは、環境や状況に合わせて臨機応変に構えなければ勝利することができない。それはビジネスにおいても同様で、時節に応じた経営やライバルの情勢に適合したプロジェクトなど、惰性に囚われずに「奇正」の組み合わせから的確な戦略を導き出す必要がある。それこそリーダーの役割であり、手腕が試されるところだ。『孫子』に「兵の形《かたち》する窮《きわ》みは無形に至る（軍の態勢の極みは無形になること）」という一句があるが、柔軟に形を変えられる組織こそ理想だといえよう。

では、無限に存在する戦略から最適なものを導き出すにはどうすればよいか。我々は、**斬新なアイデアはゼロから生まれるものと思いがちだが、実はアイデアは組み合わせからしか生まれない。**既存の要素をどう結合させるかが、アイデアを生み出すコツなのだ。

味《あじ》は五に過ぎざるも五味《ごみ》の変《へん》、
勝《あ》げて嘗《な》むべからざるなり。
戦《いくさ》の勢《せい》、奇正に過ぎざるも、
奇正の変、勝げて窮《きわ》むべからざるなり。
奇正は相生《あいしょう》じ、
循環の端《たん》なくがごとくして、
孰《たれ》かよくこれを窮めんや

〈訳〉 味は五つに過ぎないが、その組み合わせによる変化は味わい尽くすことができない。戦いの場合も、あるのは正攻法と奇策に過ぎないが、その組み合わせによる変化は極めることができない。正攻法と奇策はともに生じ、物事の循環に端がないように、誰がこれを極めることができるだろうか。

斬新な戦略とは、あまたある要素をいかにして結びつけるかであり、そこに決まった形はない。つまり、無形なのである。

## 組み合わせによって生まれた斬新な商品

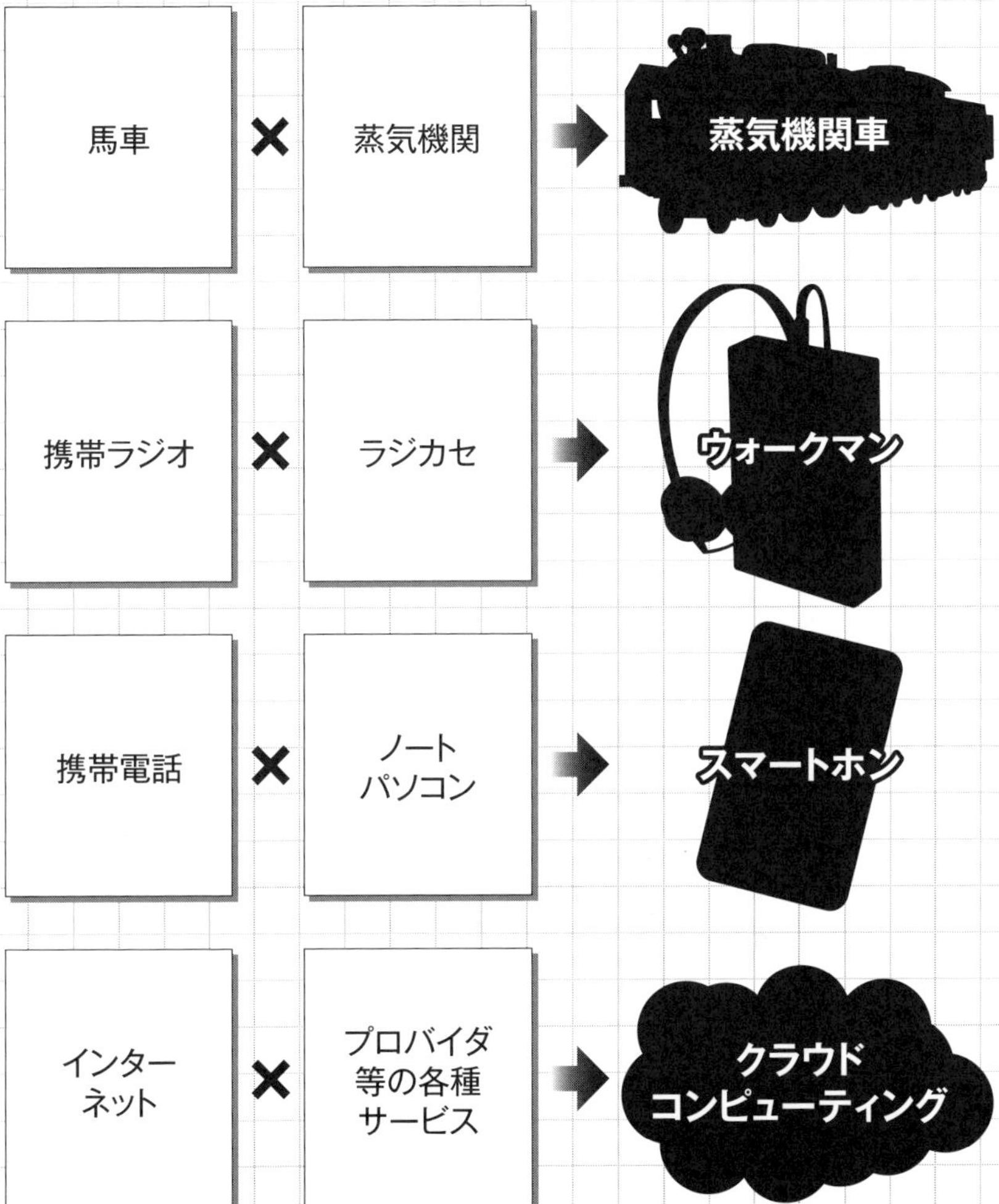
馬車
×
蒸気機関
蒸気機関車
携帯ラジオ
×
ラジカセ
ウォークマン
携帯電話
×
ノート
パソコン
スマートホン
インター
ネット
×
プロバイダ
等の各種
サービス
クラウド
コンピューティング

**伝授**

アメリカの広告会社ジェイ・ウォルター・トンプソンの元副社長であるジェームス・ヤングは、アイデアの本質について次のように述べた。

「アイデアとは既存の要素の新しい組み合わせ以外の何ものでもない」

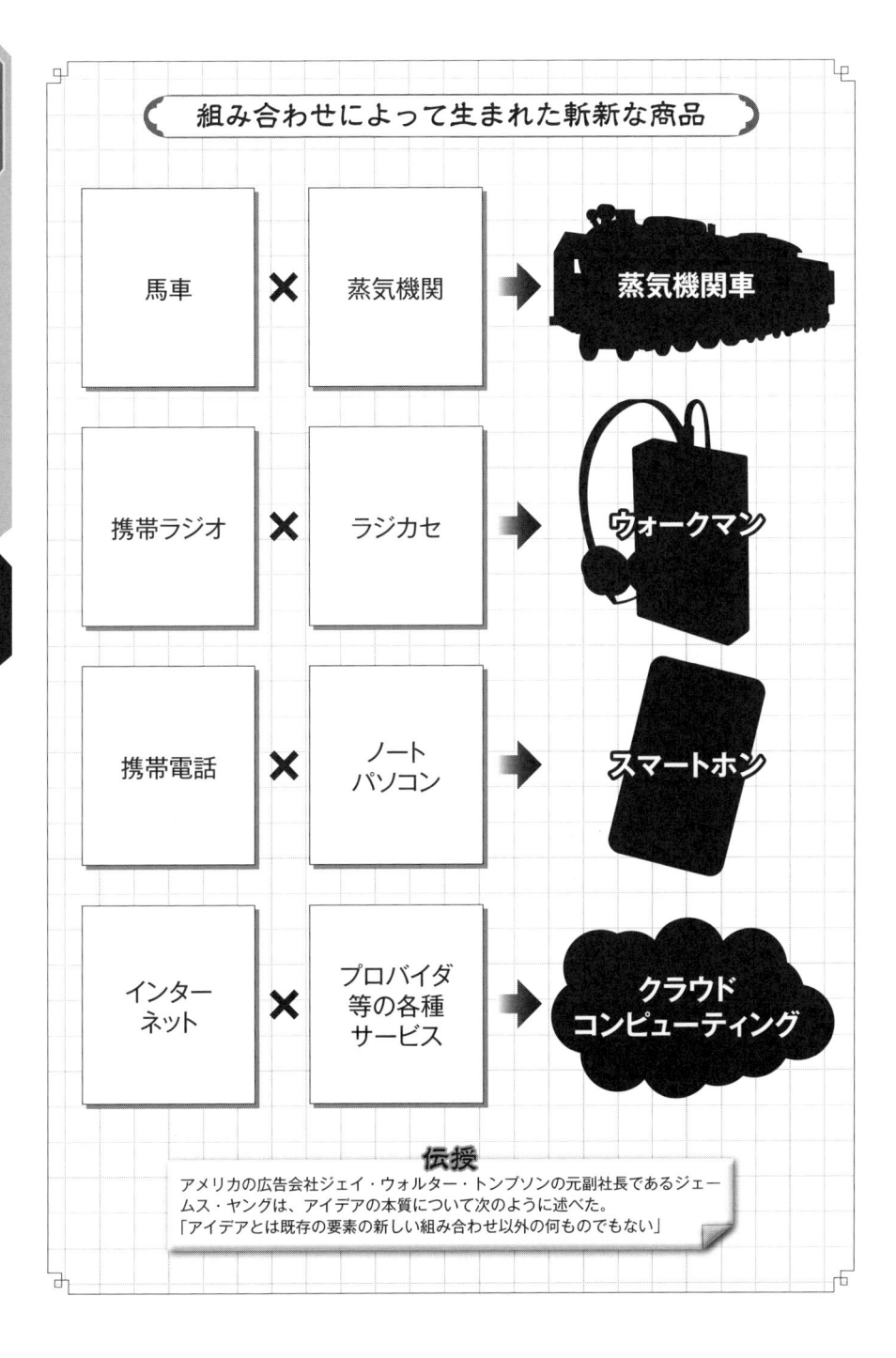

## Profile

1932年生まれ。
東京都立大学大学院中国文学科修士課程修了。
現在、中国文学者として著述や講演などで活躍中。
主な著書は『右手に「論語」左手に「韓非子」』(角川マガジンズ)、
『中国古典名著のすべてがわかる本』(三笠書房)、
『中国武将列伝』、『中国皇帝列伝』、『菜根譚の名言ベスト100』、
『「三国志」乱世の人物学』、
『賢者たちの言葉』(以上、PHP研究所)など多数。

## 第3章

# 三国志に学ぶ処世術

わずか数十年の間に
個性豊かな人物達がしのぎを削った『三国志』の時代は、
中国史上もっとも面白い時代と言ってよい。
この時代の資料は大きく『正史』と『演義』の2つに分けられる。
ここでは『正史』をもとに、群雄達の処世術を明らかにしていく。

中国文学者
**守屋 洋**（もりや・ひろし）

三国志 1

# 「乱世の姦雄《かんゆう》」に見る圧倒的勝利の条件

## 中国の三分の二を掌握した男～曹操《そうそう》～

### 曹操という人物

武人や政治家としてだけでなく、優れた文人としての側面も持つ。詩人としても一流。

目は細く、髭が長かった。『三国志演義』では善玉の劉備《りゅうび》に対し、悪玉として描かれているが、善悪では割り切れない迫力や魅力を持っていた。

身の丈は7尺（約161センチ）とやや小柄。

※後漢時代の1尺は約23センチ

- 宦官《かんがん》の家に生まれ、黄巾賊《こうきんぞく》討伐に尽力
- 朝廷を牛耳っていた董卓《とうたく》打倒のため、反董卓連合軍に参加
- 官渡《かんと》の戦いで宿敵・袁紹《えんしょう》を討つ
- 後漢の丞相《じょうしょう》に就任
- 魏《ぎ》国を建国（帝位には就かず）
- 難民や兵士に領地を与えて耕作させる「屯田制」を採用
- 『孫子』に注釈を入れて1つの文献にまとめる（『孫子魏武注』）

**そもそも非常《ひじょう》の人、超世《ちょうせい》の傑《けつ》と謂《い》うべし**

〈訳〉非常な才能の持ち主であり、時代を超えた英雄である。

### ■善悪で割り切れない傑物

『三国志演義《えんぎ》』での典型的な悪玉描写や、「乱世の姦雄（悪知恵の利く英雄）」という言葉によって、曹操には史実とはいくぶん異なる評価が下されがちだ。では、『正史三国志』ではどうなのか。「非常の人」、つまり規格外の人物といった意味で評されているが、こちらも純粋な褒め言葉とは言い難く、一筋縄でいかない人物だったことは確からしい。よく凡庸《ぼんよう》な人物を「毒にも薬にもならぬ」と言うが、曹操は「毒にも薬にもなる」人物といっ

### 「非常の人」らしいエピソード

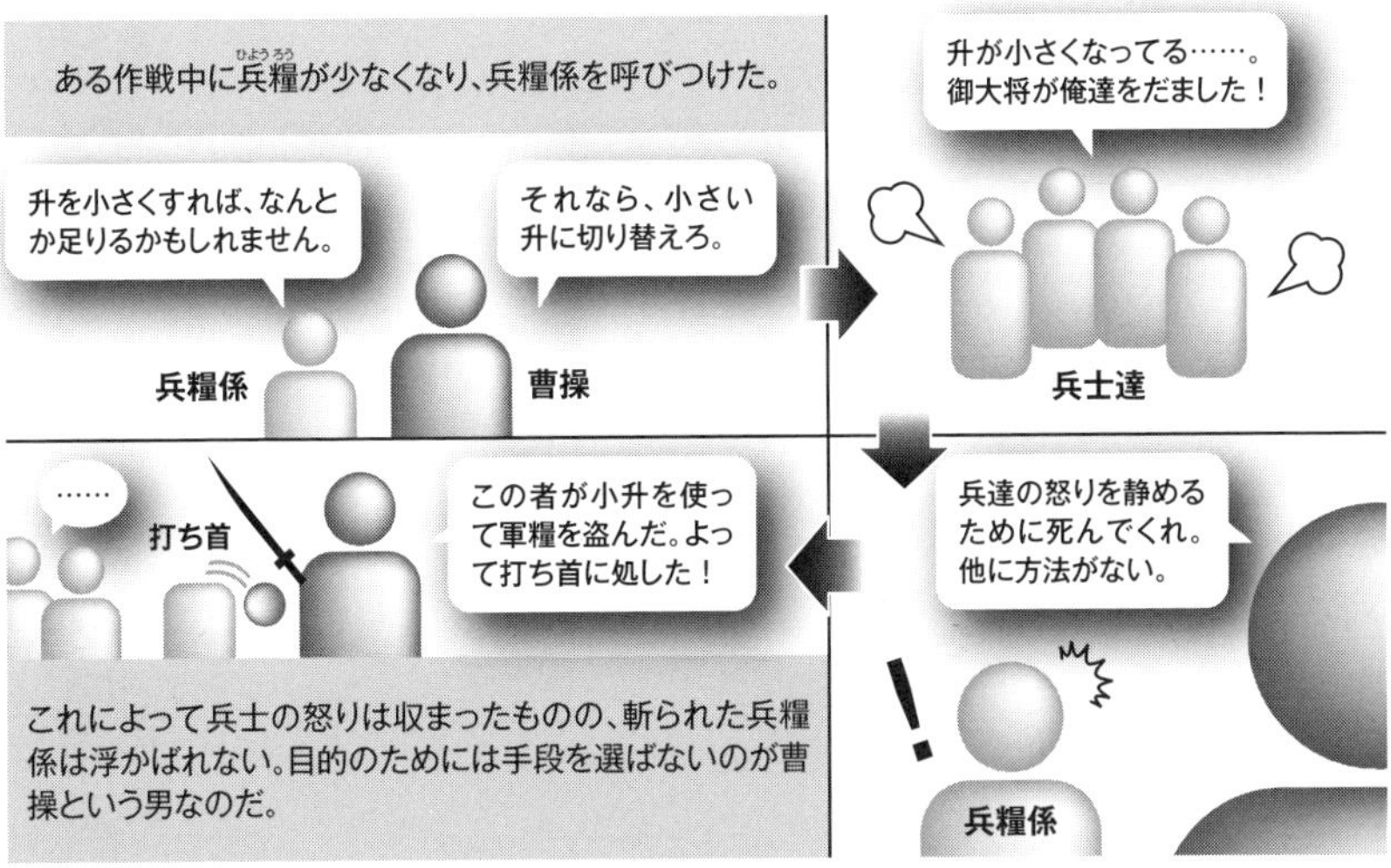
ある作戦中に兵糧《ひょうろう》が少なくなり、兵糧係を呼びつけた。
升を小さくすれば、なんとか足りるかもしれません。
それなら、小さい升に切り替えろ。
兵糧係
曹操
升が小さくなってる……。御大将が俺達をだました！
兵士達
兵達の怒りを静めるために死んでくれ。他に方法がない。
兵糧係
……
打ち首
この者が小升を使って軍糧を盗んだ。よって打ち首に処した！
これによって兵士の怒りは収まったものの、斬られた兵糧係は浮かばれない。目的のためには手段を選ばないのが曹操という男なのだ。

たところだろうか。

## ■曹操が持つ三つの魅力

曹操の偉業を辿ると、大きく三つの魅力が見えてくる。まず第一に戦がめっぽう強かった。理由はいくつか考えられるが、当時リーダー必読の書とされていた**『孫子』を誰よりも学んで実践していたことや、決して同じ負け方をしなかったことなどが挙げられよう。また、撤退の見切りが早く、ビジネスで言う「損切り」ができる人物だった**ことも見逃せない。

第二に、非常に頭が切れ、有能な人物だったということ。通常こうした人物は自信過剰になり、周囲の意見を聞かなくなるケースが多い。しかし曹操は**徹底した能力主義で人材を集め、彼らの知恵をよく用いた。人を使うことにも長けていたのである。**

そして第三に、文武両道だったこと。曹操は戦場でも必ず数冊の古典を携え、勉強に励んでいた。詩人としても当代一流で、「烈士《れっし》暮《ぼ》年壮心已《ねんそうしんや》まず」という句を残している。男は晩年になってもチャレンジ精神を持ち続けるものだという意味になる。曹操の向上心がうかがえる一句だといえよう。

三国志 2

寛厚《かんこう》の人の実像～劉備《りゅうび》～

# 能力ゼロでも部下を活かして勝利を得る

劉備の流離

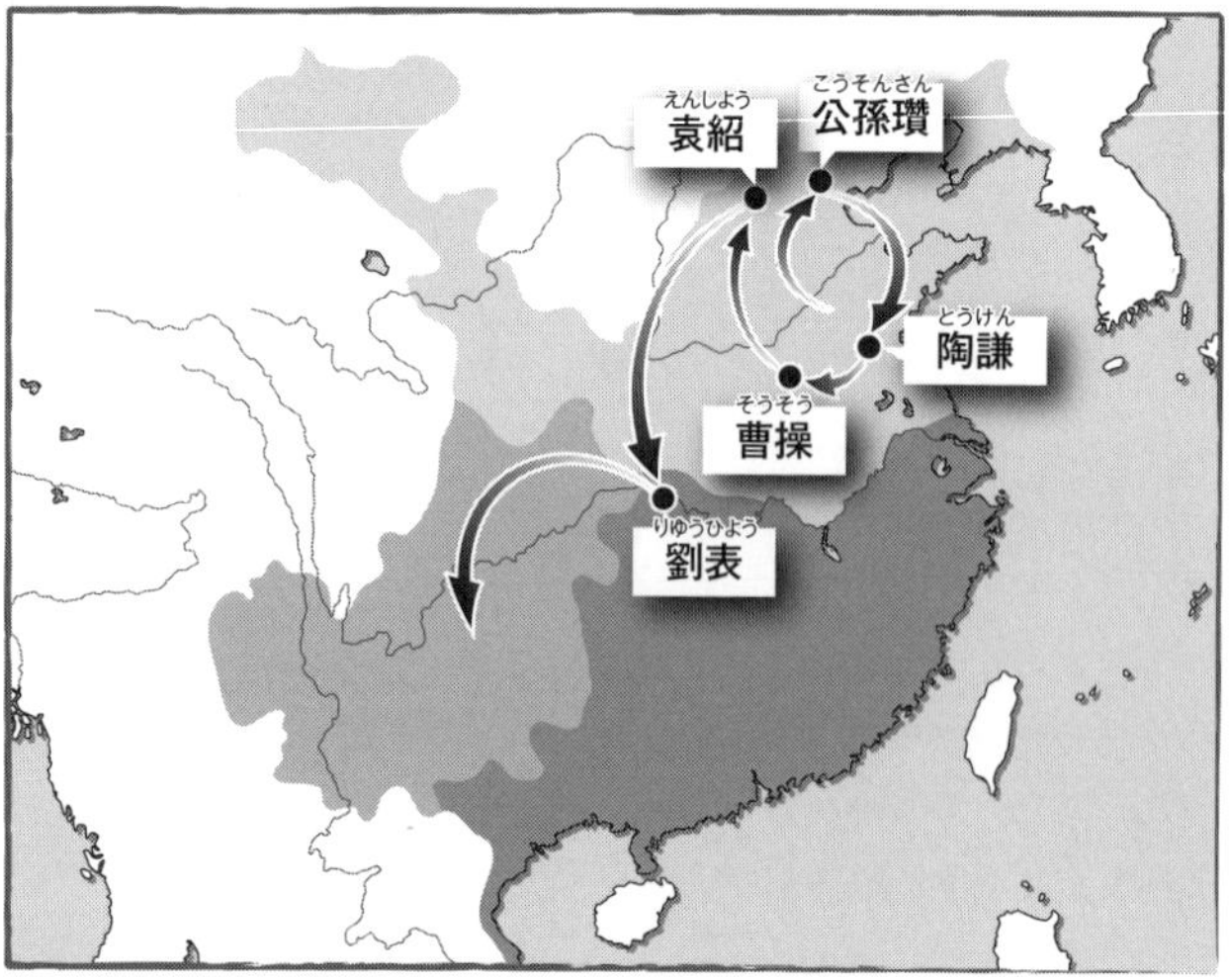


**弘毅《こうき》寛厚にして、人を知り士を待つ**

〈訳〉これぞと思う人物には、甘んじてへりくだる豊かな包容力を持っていた。

## ■劉備の成功は奇跡的

言わずと知れた『三国志演義《えんぎ》』の主役・劉備。物語の中ではたいそう立派な人物に描かれているが、実像とは相当なズレがある。兵法オンチで負け戦《いくさ》の連続、後ろ盾もなく、駆け引き下手……。現代で言えば、資本金ゼロ、経営手腕ゼロで会社をはじめたようなものだろう。そんな劉備が、小国ながら蜀《しょく》の皇帝にまで上り詰めたのは奇跡的な成功だといっていい。

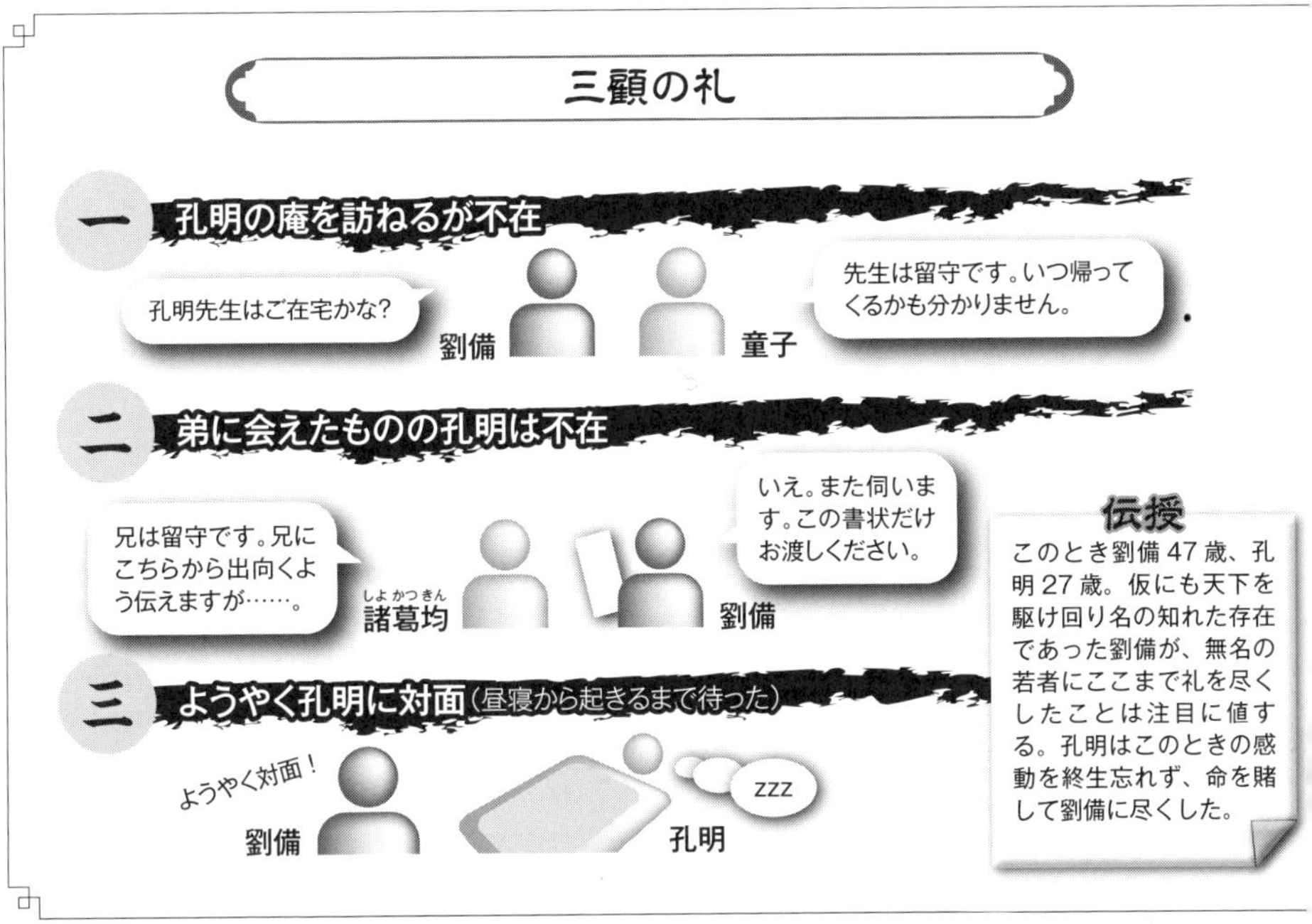
三顧の礼
一 孔明の庵を訪ねるが不在
孔明先生はご在宅かな?
劉備
童子
先生は留守です。いつ帰ってくるかも分かりません。
二 弟に会えたものの孔明は不在
兄は留守です。兄にこちらから出向くよう伝えますが……。
諸葛均《しよかつきん》
いえ。また伺います。この書状だけお渡しください。
劉備
三 ようやく孔明に対面（昼寝から起きるまで待った）
ようやく対面!
劉備
zzz
孔明
伝授
このとき劉備 47 歳、孔明 27 歳。仮にも天下を駆け回り名の知れた存在であった劉備が、無名の若者にここまで礼を尽くしたことは注目に値する。孔明はこのときの感動を終生忘れず、命を賭して劉備に尽くした。

しかし、こうした劉備の成功を予見していた人物がいた。他ならぬ曹操である。食事の席で、「天下の英雄は、ただ使君《しくん》（劉備）と操《そう》（曹操）のみ」と語るほど劉備を認め、人一倍警戒心を抱いていたという。

## ■劉備が唯一持っていたもの

なぜ曹操はそれほどまでに劉備を評価していたのか。それは、一言で表せば劉備が「徳」を持っていたことを見抜いていたためだろう。劉備の「徳」を分析すると、大きく三つの要素に分けられる。**すなわち「仁・謙・寛」。人を大事にし、謙虚な態度で人に接し、包容力に富んでいる。**諸葛孔明《しよかつこうめい》を幕下に迎えた有名な「三顧《さんこ》の礼」などは、まさにこの三要素が凝縮された行動だといえよう。

劉備がどれだけ部下を信頼していたかを物語るエピソードがある。劉備は死の間際、枕元に孔明を呼び寄せこう告げた。

「もし私の息子（二代皇帝劉禅《りゅうぜん》）が補佐するに値しない奴だと思ったら、お前が帝位につくがよい」

中国に皇帝多しといえども、臣下にこれほど厚い信頼を寄せた皇帝は他にはいない。

三国志 3

# バランス感覚に長けた守成《しゅせい》の戦略を知る

## 曹操《そうそう》、劉備《りゅうび》のライバル～孫権《そんけん》～

### 父・兄の遺志を継いだ孫権

**孫堅**
156～192年

孫権の父。「江東《こうとう》の虎」と呼ばれた優れた武人だったが、荊州《けいしゅう》にて討死。

**孫策**
175～200年

孫権の兄。江東地方に覇を唱え呉の礎を築く。26歳で凶刃に倒れる。

**孫権**
182～252年

父と兄から将来を嘱望《しょくぼう》され、兄弟の中で一目置かれる存在だった。孫策の死により、わずか19歳で家督を相続。以後約50年にわたりトップに君臨し、呉の初代皇帝になる。『三国志演義《えんぎ》』では、碧眼《へきがん》（青い目）だったとされている。

**身を屈し辱《はじ》を忍び、才を任じ計を尚《たっと》ぶ。故によく自ら江表《こうひょう》を擅《ほしいまま》にし、鼎峙《ていじ》の業《ぎょう》を成す**

〈訳〉臆面もなく身を屈することができて、才能を愛し計略を重んじた。そのため、江表の地をほしいままにし、三国鼎立という偉業をなした。

### ■三代目ならではの立場

魏《ぎ》の曹操や蜀《しょく》の劉備に比べ、呉《ご》の孫権はいくぶん印象が薄い。それは前述の二人に比べて「創業のドラマ」がないためであろう。孫権は、父の孫堅《そんけん》、兄の孫策《そんさく》を継いだ三代目であり、スタートから自前の勢力を持っていた。

## 呉は土地にも恵まれていた

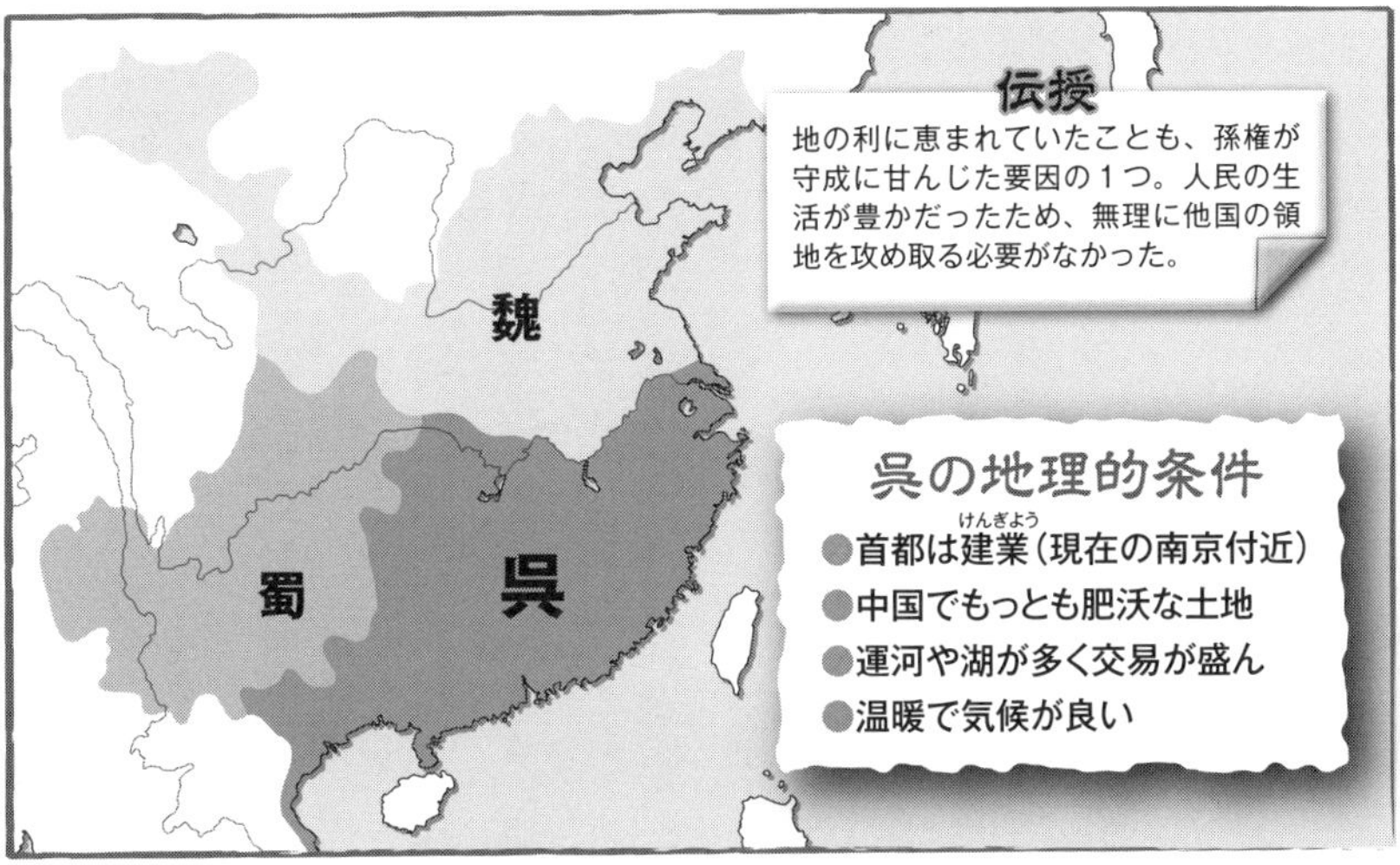
魏
蜀
呉
伝授
地の利に恵まれていたことも、孫権が守成に甘んじた要因の１つ。人民の生活が豊かだったため、無理に他国の領地を攻め取る必要がなかった。
呉の地理的条件
●首都は建業《けんぎょう》（現在の南京付近）
●中国でもっとも肥沃な土地
●運河や湖が多く交易が盛ん
●温暖で気候が良い

それをいかに守り、どう地盤固めをするかが彼にとっての宿命でもあった。そのため積極攻勢は控え、あくまで地方政権という立場をとり続けた。

とはいえ、凡庸《ぼんよう》な人物だったわけではない。トップに君臨すること約五十年、激しい抗争を生き残り、たくみに危機を回避した手腕は賞賛に値する。

## ■守成を実現するために

孫権には大きく二つの能力が備わっていた。一つは、戦略戦術が柔軟であること。曹操が攻めてきたときは劉備と結び、劉備が攻めてきたときは曹丕《そうひ》と結ぶといったように、行きがかりやメンツにこだわらず、その時々に最善と思える戦略を採用した。右の章句の「辱を忍び」とはこうした手腕を評している。

また部下の育て方も上手かった。孫権自身、「その長《ちょう》ずるところを貴《たっと》び、その短《たん》なるところを忘《わす》る（長所を活かし短所に目をつぶる）」と語っているとおり、**自分は前に出ず、長所を発揮できる場を部下に提供した。そして一度信頼した部下にはどんなに事情が変わろうと最後まで任せ、その多くを成功に導いた。**失敗を恐れない肝《きも》の据わった人物だったらしい。

## 古今の名宰相《さいしょう》〜諸葛孔明《しょかつこうめい》〜

# 「天下の奇才」がみせた用兵術の極意

**治《ち》を識《し》るの良才《りょうさい》、管《かん》・蕭《しょう》の亜《あ》匹《ひっ》と謂《い》うべし**

〈訳〉国の宰相としての才能は、管仲《かんちゅう》（春秋時代の政治家）と蕭何《しょうか》（漢の始祖・劉邦《りゅうほう》の側近、後の丞相《じょうしょう》）に匹敵するといえるだろう。

### ■孔明の虚像と実像

神がかり的知略で敵を翻弄する天才軍師のイメージが強い孔明だが、それは『三国志演義《えんぎ》』の話。実際は理詰めで手堅い用兵を旨とする人物だったらしい。

好例がある。蜀《しょく》に仕えていた孔明は魏《ぎ》を討伐するための「北伐《ほくばつ》」を五度行っているが、その一回目に侵攻ルートを巡り激論が展開された。魏延《ぎえん》という武将が奇襲策を提案したのだ。敵の盲点を衝《つ》く作戦ではあったが、孔明はその意見を却下し、遠回りだが確実なルートを進んだ。一か八かの勝負を避け、「負けない戦《いくさ》」を選んだのだ。この選択には蜀の国力が関係している。魏と蜀の戦力には圧倒的な差があり（魏7：蜀1）、勝てる見込みの少ない戦だった。小国の蜀は一度負ければ二度と立ち直れない。慎重にならざるを得なかった。

とはいえ、孔明の軍略が並外れていたことは確かだ。第五回の北伐で孔明が陣没した後、撤退した蜀軍の陣を検分した魏の司馬仲達《しばちゅうたつ》は、その隙のない配置を見て思わず「天下の奇才なり」と漏らしたという。

また、孔明の凄みは内政面にも見られる。五度も北伐を行えば、普通は国力が疲弊するものだが、孔明は内政にいささかの乱れも生じさせなかった。**質素な生活に寝る間もない忠勤《ちゅうきん》、公平無私な信賞必罰《しんしょうひつばつ》。国中の者からは、「みな畏《おそ》れて是《これ》を愛す」と評された。**人の上に立つ者として最高の褒め言葉ではなかろうか。

## 孔明による北伐

**227年**
出師《すいし》の表《ひょう》

**228年春 第1回**
関中《かんちゅう》西部の3郡を手に入れたものの、街亭《がいてい》で敗北し、撤退

**228年冬 第2回**
陳倉《ちんそう》城を包囲したものの落とせずに撤退

**229年 第3回**
武都《ぶと》郡、陰平《いんぺい》郡を手に入れる

**231年 第4回**
祁山《きざん》で司馬仲達と直接対決するも、兵糧不足により撤退

**234年春 第5回**
五丈原《ごじょうげん》にて司馬仲達と対陣の末、孔明病没。撤退の際、「死せる諸葛、生ける仲達を走らす」

出陣にあたり、蜀の第二代皇帝・劉《りゅう》禅《ぜん》に、皇帝としてのあるべき姿勢を諭し、劉《りゅう》備《び》が「三《さん》顧《こ》の礼」をもって自分を迎えたことへの感謝、先代とともに戦った半生などを綴ったもの。

勝ち目の少ない北伐であったが、劉備の遺言である以上実行しないわけにはいかなかった。孔明の難しい立場が偲ばれる。

## 泣いて馬謖《ばしょく》を斬る

**伝授**
信賞必罰の態度で馬謖を斬罪に処する一方、遺族への心遣いも忘れない。このあたりが「みな畏れて是を愛す」の源泉になっているのかもしれない。

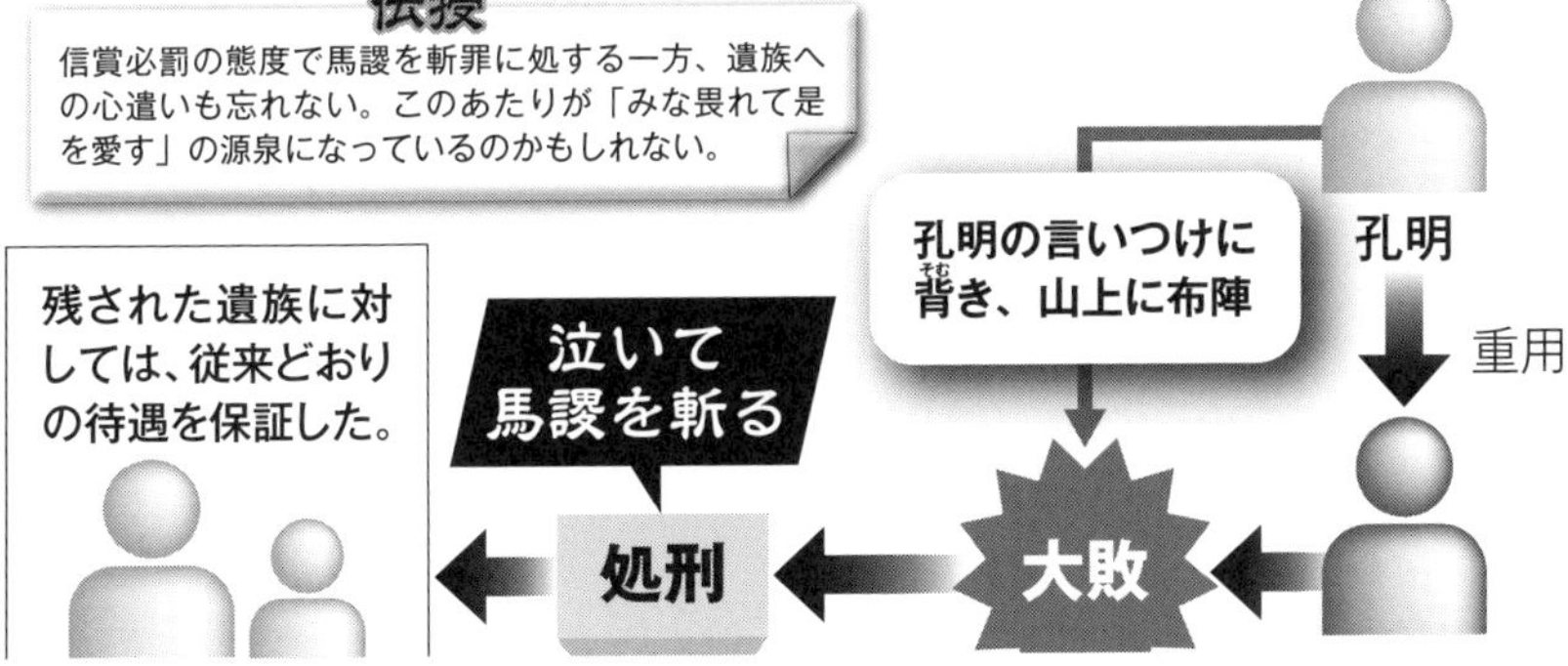
孔明
重用
孔明の言いつけに背《そむ》き、山上に布陣
大敗
処刑
泣いて馬謖を斬る
残された遺族に対しては、従来どおりの待遇を保証した。

三国志 5

## 劉備《りゅうび》を支えた股肱《ここう》の臣～関羽《かんう》・張飛《ちょうひ》～

# 「義将」の行動原理とその弱点

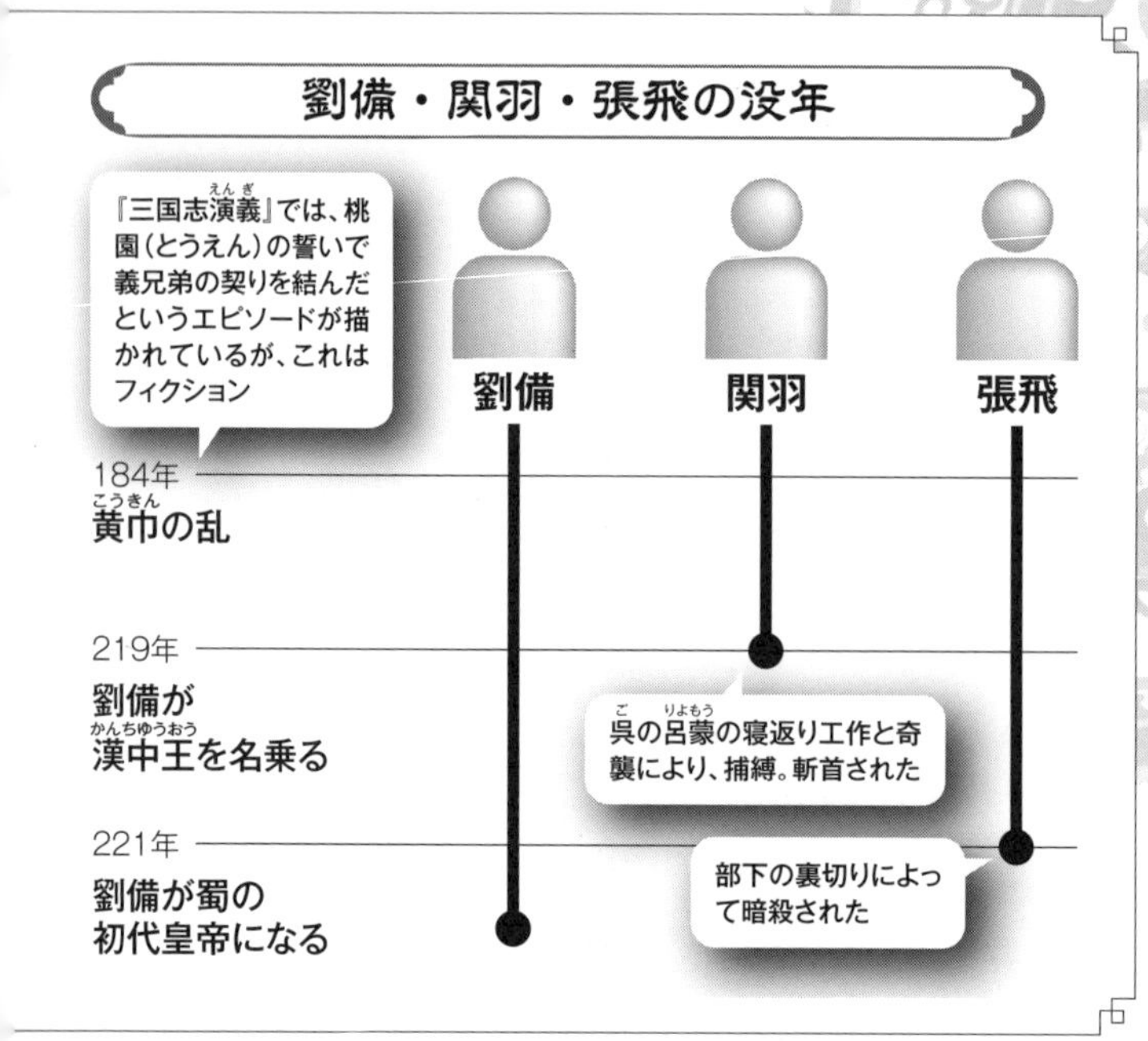

劉備・関羽・張飛の没年
『三国志演義《えんぎ》』では、桃園（とうえん）の誓いで義兄弟の契りを結んだというエピソードが描かれているが、これはフィクション
劉備
関羽
張飛
184年
黄巾《こうきん》の乱
219年
劉備が漢中王《かんちゅうおう》を名乗る
呉《ご》の呂蒙《りょもう》の寝返り工作と奇襲により、捕縛。斬首された
221年
劉備が蜀の初代皇帝になる
部下の裏切りによって暗殺された


**羽《う》は善《よ》く卒伍《そつご》に待つも士大夫《したいふ》に驕《おご》る。飛《ひ》は君子《くんし》を敬愛するも、小人《しょうじん》を憐《あわ》れまず**

〈訳〉関羽は兵卒を大事にしたが、士大夫（上級の文官）に対しては彼らの自尊心を傷つけるような粗暴な振る舞いが多かった。張飛は身分の高い人間には敬意を表したが、部下を大事にしなかった。

### ■なぜ劉備を慕っていたのか

苦節約三十年、劉備が蜀《しょく》の地にようやく自前の勢力を築くことができたのは、挙兵以来の腹心・関羽と張飛の活躍によるところが大きかった。二人は、たとえ劉備が悲運のどん底にあっても決して見捨てず、兄弟のように

## 孔明《こうめい》による関羽懐柔策

劉備が蜀を攻めているとき、馬超《ばちょう》という豪傑が降伏。

↓

荊州《けいしゅう》で後方待機していた関羽は、馬超が気になり、
孔明に「馬超とはどれほどの人物なのか」と手紙を書く。

↓

孔明は、以下のような手紙を関羽に送る。

↓

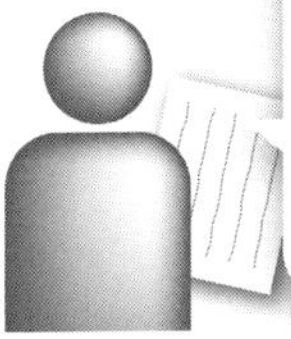

**馬超は文武両道に優れ、まことに男らしい人物。一代の英傑にして黥布《げいふ》、彭越《ほうえつ》のたぐいです。張飛と比べるとにわかに優劣がつけがたいのですが、髭殿《ひげどの》（関羽のこと）と比べると、やや劣るといったところでしょうか。**

**孔明より**

**伝授**

豪傑は往々にしておだてに乗りやすい面がある。「髭殿は別格ですよ」という孔明の一言に気を良くし、関羽は思わず手紙を賓客達に見せびらかしたという。

付き従った。しかしなぜこの三人に、それほど密接な絆が生まれたのか。そこには劉備の「徳」だけでは割り切れない関係性が存在したようだ。

彼らは若い頃、遊侠《ゆうきょう》として出会い、その絆を深めていった。遊侠とは喧嘩賭博を渡世とする輩で、その行動は社会規範から逸脱していた（現在のヤクザのようなもの）。しかし、**約束は必ず守る、身命を惜しまず人の危機を救う、命がけで行動しながらも人に恩を着せることはしないなど、「義」を重んじる暗黙のルールによって固く結ばれていた。**挙兵以来、三人が絆を強くしていった背景には、こうした遊侠の行動原理が関係していると考えられる。「義将」には「義将」の琴線があるらしい。

## ■豪傑ならではの弱点

しかし、関羽や張飛のような仕事師タイプの豪傑には、よくありがちな欠点も存在する。関羽は文官を軽んじ、張飛は部下に厳しかった。二人とも非業《ひごう》の死を遂げているのは決して偶然ではない。

現代でも、仕事師だのやり手だのと言われる人にはこうしたタイプが多いが、二人の欠点は肝《きも》に銘じるべきであろう。

三国志 6

## 嫌みのない勇将～趙雲《ちょううん》～

# 仕事人タイプが輝きを放つ条件

**子竜《しりゅう》は一身都《すべ》てこれ胆《たん》なり**

〈訳〉趙雲（字が子竜）は、全身が全て肝っ玉でできているかのような勇将である。

### ■地味ながら絶対的な存在感

現代の組織においても、与えられた仕事を粛々《しゅくしゅく》とこなし、無口でありながら時折説得力のある一言を放つといった人物がいると思う。趙雲はまさにそんなタイプだった。知力と胆力を兼ね備え、派手さこそないものの劉備《りゅうび》から絶大な信頼を寄せられていた。

劉備旗下では関羽《かんう》や張飛《ちょうひ》に次ぐ古参者であったが、その存在感がひときわ輝いたのは曹操《そうそう》が劉備の守る荊州《けいしゅう》の樊城《はんじょう》へと攻め込んできたとき、いわゆる長坂《ちょうはん》の戦いだ。劉備は城を捨てて撤退したものの、曹操軍の猛追に耐えきれずに妻子を置き去りにしてしまう。そこで趙雲が単騎で敵軍へと戻り、見事妻子の救出に成功したのだ。これにより趙雲は、劉備配下の勇将として広く認知されるようになった。

また、劉備が蜀《しょく》の地を手に入れ、さらに北にある漢中《かんちゅう》を巡り、曹操軍と争奪戦を繰り広げていたとき、数十騎のみを従えた趙雲が曹操軍に出くわした。彼はすぐに逃げるのではなく、伏兵を上手く配置しながら敵の不安を煽り、見事に自滅を誘発した。その戦いぶりを見た劉備は、右の章句「子竜は一身都てこれ胆なり」と感嘆の声を上げたという。

「中流の砥柱《しちゅう》（乱世にあって毅然として節義を守っている人）」という言葉があるが、そういう存在こそが組織を支えているという好例ではなかろうか。

## 劉備との出会いと趙雲の武勇伝

**192年**
公孫瓚《こうそんさん》の配下に加わり、劉備と出会う

**200年**
劉備に再会し、配下に加わる

**208年**
長坂の戦いにおいて、単騎で敵軍を突破。劉備の妻子を救出する

**219年**
漢中《かんちゆう》争奪戦において、数十騎で敵を大混乱に陥れる

**221年**
関羽の仇を討つため呉征伐を決意する劉備を懇々と諫める（後に劉備が敗北すると真っ先に救援に駆けつけた）

**227年**
第1回の北伐において殿《しんがり》を務め、撤退を成功させる

濃《のう》眉《び》大眼《たいがん》（眉が太く、大きな目）な風貌をしていた。

身長が高く容姿が秀でていたといわれる趙雲。『三国志演《えん》義《ぎ》』でも威風凛々とした描写がなされている。

槍を振るうさまは「梨の花が舞うよう」だったらしい。

身の丈は八尺（約184センチ）と長身。常に沈着冷静で、逆境になればなるほど強かった。

**伝授**

趙雲が死去したのは229年。生年が不明のため確かな年齢は分からないが、六十歳をかなり超えていたと想像される。趙雲の死は、孔明の北伐においても大きな痛手となった。

三国志
7

小霸王と呼ばれた男～孫策《そんさく》～

# 人生の初期に勝利を収める方法

孫策の中央進出の野望

伝授
孫策があと10年生きていたら、その後の三国の情勢は大きく変わっていたかもしれない。それほどの英傑だった。
袁紹《えんしょう》
覇権をかけて激突
魏
曹操《そうそう》
曹操と袁紹の激突の隙を衝《つ》き、曹操の本拠・許《きょ》を急襲して漢の献帝《けんてい》を奪回しようとしていた。しかし、孫策の死により計画は白紙に。
孫策
呉
蜀

**姿顔《しがん》を美《うるわ》しくし笑語《しょうご》を好《よ》くし、性は闊達聴受《かったつちょうじゅ》、人を用うるに善《よ》く、ここを以《もっ》て士民の見《まみ》ゆる者、心を尽くさざるなく、楽しみて死を致すを為《な》す**

〈訳〉

好男子でよく冗談をとばし、こだわりなく人の意見に耳を傾け、どしどし人材を登用した。そのため、一度彼に会った者は、誰もがみなやる気を出し、喜んで命を投げ出した。

## ■愛されることが大事

父の孫堅《そんけん》が戦死したとき、孫策はわずか十八歳だった。まだ袁術《えんじゅつ》配下の武将に過ぎず、ほぼゼロからの出発といえよう。孫策が不慮の死を遂げたのが二十六歳のときであるから、わずか八年で江東《こうとう》の領有を確固たるものにし

### 孫策飛躍の8年間

| | |
|---|---|
| 192年 | 父の孫堅が戦死。主家筋にあたる袁術旗下に入る |
| 194年 | 亡父・孫堅の軍の返還を求め、袁術より約1000人の軍を返還される |
| 195年 | 揚州刺史《ようしゅうしし》の劉繇《りゅうよう》を攻め、一帯を制圧 |
| 196年 | 呉郡、会稽《かいけい》郡を攻略 |
| 197年 | 絶縁状を送り、袁術から独立 |
| 199年 | 袁術が死去。その残党を取り込む |
| 200年 | 許貢《きょこう》の残党に襲われ、その傷がもとで死去 |

たことになる。

なぜそのような離れ業《わざ》が可能だったのか。理由の一つは、人に愛される術《すべ》を心得ていたことにある。あるとき孫策の騎兵が罪を犯し、袁術の軍営《ぐんえい》に逃げ込んだことがあった。孫策はその者を斬った上で、袁術のもとへ謝罪に訪れた。袁術は、「罪を憎むのは私も同じ。わざわざ謝りにくるまでもない」と孫策の対応をたたえたという。**人柄が良く利発なだけでなく、目上の者への礼の尽くし方もわきまえていたのである。**なお、袁術が皇帝を自称したとき絶縁状を送っているあたり、機を見るに敏な人物だったともいえよう。

Column

#### 若さゆえの過ちが孫策の死を招いた!?

日の出の勢いだった孫策に対し、曹操も大いに警戒していたという。あるとき、呉郡太守の許貢という人物が、「孫策の勢いは地方に放置しておくと危険です。都に招いてはいかがでしょうか」という上書を届けようとした。それを察知した孫策は、許貢を殺害。しかし許貢の遺児や食客達に怨まれ、毒矢を射られて重傷を負ってしまう。この傷がもとで孫策は死去。勇猛で決然たる人物であった反面、性急で慎重さに欠ける欠点があったらしい。若くて有能な人物ほど、慎重な処世を心がけるべきであろう。

当代きってのサラブレッド～袁紹《えんしょう》～

# 「人に担がれる人物」が備えるべき要素

**威容《いよう》、器観《きかん》ありて、**
**名を当世に知らる。**
**然《しか》れども外は寛《かん》、**
**内は忌《き》にして、**
**謀《ぼう》を好みて決《けつ》なし**

〈訳〉堂々たる姿から器が大きいように見られ、その名を全国に知られていた。しかし、見かけは寛容を装いながら心の中では相手の才能を憎み、策謀好きで決断力に乏しかった。

## ■なぜ敗れ去ってしまったのか

「三国志」前半の主役の一人であり、一時は曹操《そうそう》をしのぐ勢力を誇っていた袁紹。しかし、官渡《かんと》の戦いで曹操に大敗北を喫したことで歴史の表舞台から姿を消した。名

### 風度とは何か

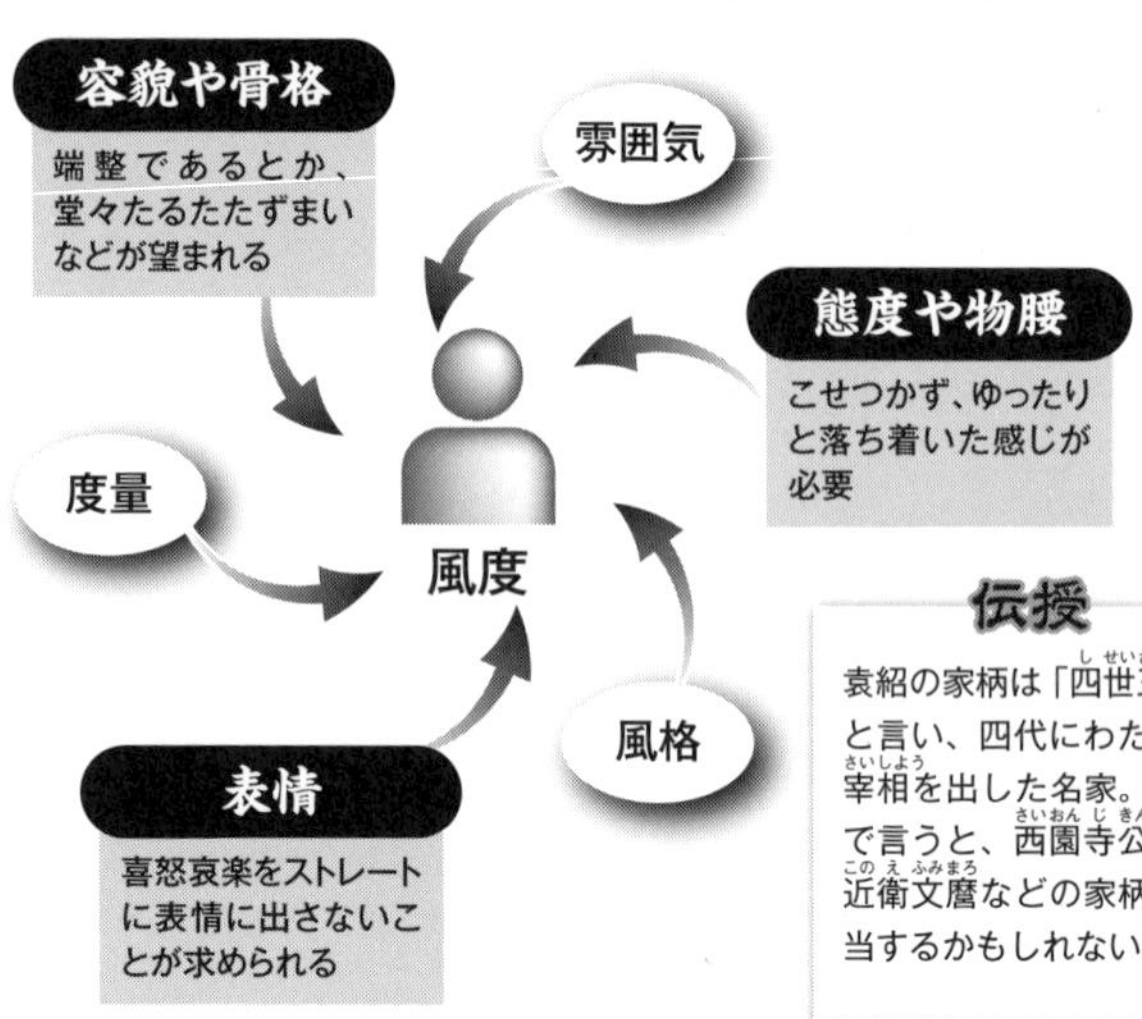
容貌や骨格
端整であるとか、堂々たるたたずまいなどが望まれる
雰囲気
態度や物腰
こせつかず、ゆったりと落ち着いた感じが必要
度量
風度
風格
表情
喜怒哀楽をストレートに表情に出さないことが求められる

**伝授**

袁紹の家柄は「四世三公《しせいさんこう》」と言い、四代にわたって宰相《さいしよう》を出した名家。日本で言うと、西園寺公望《さいおんじきんもち》や近衛文麿《このえふみまろ》などの家柄が該当するかもしれない。

## 官渡の戦い

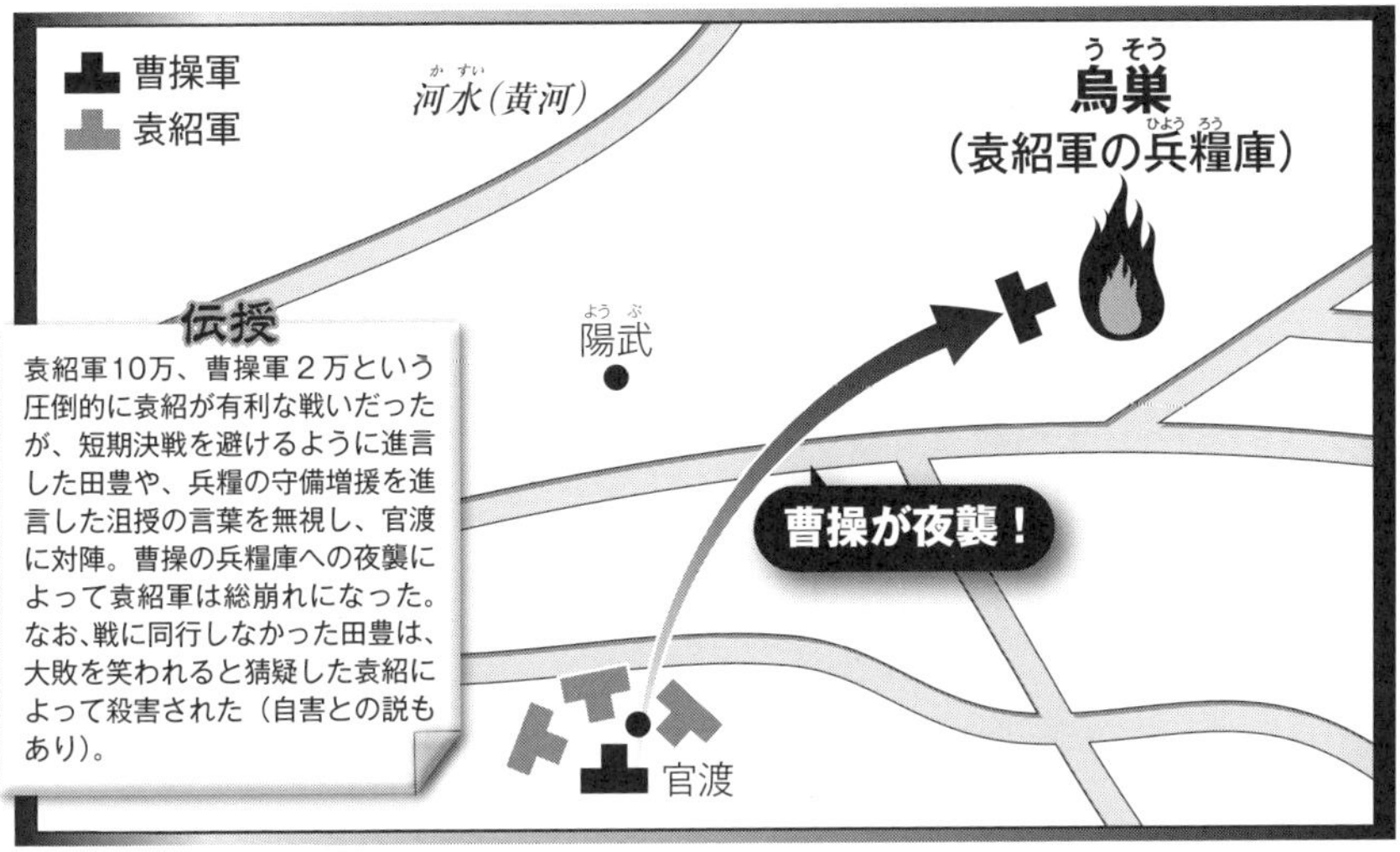
曹操軍
袁紹軍
河水《かすい》(黄河)
烏巣《うそう》
(袁紹軍の兵糧《ひようろう》庫)
陽武《ようぶ》
伝授
袁紹軍10万、曹操軍２万という圧倒的に袁紹が有利な戦いだったが、短期決戦を避けるように進言した田豊や、兵糧の守備増援を進言した沮授の言葉を無視し、官渡に対陣。曹操の兵糧庫への夜襲によって袁紹軍は総崩れになった。なお､戦に同行しなかった田豊は、大敗を笑われると猜疑した袁紹によって殺害された（自害との説もあり)。
曹操が夜襲！
官渡

家中の名家に生まれ、名声をほしいままにしていた彼に足りなかったものは何だったのだろうか。

　中国では、人の器を判断するとき、よく「風度《ふうど》」という尺度を使う。風格や風貌の他、容姿や表情など、外見に現れるいっさいの要素を含んだものを指し、人の上に立つ者に求められる条件の一つらしい。

　袁紹は、この風度をたっぷりと身につけた人物だった。また、名家の出身であることを鼻にかけず、誰とでも気軽に付き合う性格だったため、袁紹の周りには優れた人材や豪傑達がこぞって集まった。各地の地方長官などが集まって反董卓《とうたく》連合軍が結成されたときなどは、家柄や風度が買われ、盟主に担がれている。

　しかし袁紹には、**リーダーが持つべき決定的な要素が欠けていた。優柔不断で人材の使い方が下手だったのだ。**官渡の戦いがその例であろう。この戦いは圧倒的に袁紹が有利とされ、負ける要因などほとんどなかった。しかし田豊《でんぽう》や沮授《そじゅ》といった有能な部下の進言をことごとく無視し、みすみす敗れ去った。

　家柄と風度にあぐらをかき、我を通すことに慣れてしまった人物に成功はない。勝ち残るためには、人物を見極める眼と人材の活用が特に求められる。

三国志 9

## 機を見るに敏な男～賈詡《かく》～

# 勝ち馬に乗るタイミングを見極める

**算《さん》、遺策《いさく》なきに庶《ちか》く、権変《けんぺん》に経達《けいたつ》す**

〈訳〉手落ちのあるはかりごとはほとんどなく、とっさの機転に熟達していた。

### ■機転と深い読みを駆使する

いつの時代にも世渡り上手な人物は存在する。「三国志」の時代で代表例を挙げるとすれば、まず曹操《そうそう》の謀《ぼう》臣《しん》・賈詡の名が浮かぶ。

賈詡は名もない家に生まれ、裸一貫から身を興した人物。仕える相手を四回も変えながら、最終的には曹操旗下屈指の名参謀としての地位を確立している。そのしぶとい処世術を見ていくと、彼がいかに**「権変」すなわちとっさの機転に長けていたのか**が分かる。

あるとき曹操に呼ばれ、後継者問題について意見を求められたことがあった。しかし賈詡は何も言わない。じれた曹操が、「意見を求めているのに、なぜ何も言わないのだ」と問い詰めると、「たまたま他のことを考えていたものですから……。袁紹《えんしょう》と劉表《りゅうひょう》の二組の親子のことです」とだけ答えたという。

この二組の親子は、いずれも長男を退けて次男を後継者に定めたことでお家騒動の種を残した。曹操はすぐに真意に気づいて大声で笑い、ようやく長男の曹丕《そうひ》を後継ぎに定める気になったという。

こういう場合、臣下から直接名前を出せば押しつけがましく聞こえるばかりか、後難《こうなん》を招く恐れさえある。それを避けて間接的に答えるあたり、巧妙な応対といえよう。乱世にあって身を全うするためには、知恵に裏付けされた機転と配慮が必要とされる。

## 賈詡の主君遍歴

**1 董《とう》卓《たく》**（?～192年）

もとは辺境の武将に過ぎなかったが、軍事力を背景に権力を掌握。傍若無人な振る舞いが多く、最後は部下の呂布《りよふ》に殺された。

**董卓が殺されると……**

**2 李《り》傕《かく》**（?～198年）

董卓の部下だったが、董卓が呂布に殺されると献帝《けんてい》を擁護して同僚の郭汜《かくし》とともに権力を掌握。しかし献帝を軽んじたあげく郭汜との関係が悪化し、勢力が衰退する。

**見込みがないことを悟り……**

**3 段《だん》煨《わい》**（?～209年）

董卓の部下。李傕のもとから献帝が逃げた際、献帝に助力する。後に李傕を討つ。賈詡の能力を買う一方、疑心暗鬼になっていたともいう。

**再び見込みがないことを悟り……**

**4 張《ちよう》繍《しゆう》**（?～207年）

もとは群雄の一人として曹操とたびたび交戦していたが、降伏。しかし賈詡の助言から曹操を裏切り、夜襲による大勝利を収める。後に再び曹操に帰順。

**主君を説得して曹操のもとへ**

### Column

## 劉備《りゆうび》旗下の世渡り上手・法正《ほうせい》

法正は、劉備が蜀《しよく》に入ってから仕えた謀臣だ。もとは蜀の領主・劉璋《りゆうしよう》に仕えていたものの、その統治能力に見切りをつけ、劉備に領土を取らせるべく尽力した。勝ち馬を見極め、上手く乗った人物ともいえよう。

特筆すべき功績を挙げたのは、劉備が曹操軍から漢中《かんちゆう》を奪取したときだ。曹操が引き揚げて部下に漢中を守らせていることを嗅ぎつけ、絶妙のタイミングで劉備軍を漢中へと攻め入らせた。このとき法正も軍師として同行し、見事勝利へと導いている。

また、蜀の事情に詳しかったため、内政面での貢献度も大きかった。その辣腕《らつわん》ぶりには孔《こう》明《めい》も一目置いていたという。45歳の若さで死去したのが惜しまれる。

三国志 10

# 自由人が信頼を勝ち取るための心得

## 孔明《こうめい》に並ぶ大軍師～龐統《ほうとう》～

**百里《ひゃくり》の才に**
**非《あら》ざるなり**

〈訳〉（龐統の才能をもってすれば）県令などの役職ではもったいない。

### ■言うべきことを言う男

戦の弱い劉備《りゅうび》が蜀《しょく》の地を得られたのは、軍師の力によるところが大きい。とりわけ蜀への遠征において力を発揮したのが龐統である。

当時蜀を治めていた劉璋《りゅうしょう》は、自国だけでは外敵に抗しきれず、劉備に助けを求めていた。蜀に野心を持っていた劉備にとっては好都合のはずだったが、招かれておきながら国を乗っ取ってしまっては大義に背《そむ》く。そんな迷いを持つ劉備を叱咤《しった》し、説得したのが龐統だった。

### 劉備の三大勝利と軍師の活躍

| | | |
|---|---|---|
| VS 曹操 **赤壁《せきへき》の戦い** 208年 | 基本的には曹操（そうそう）VS孫権（そんけん）の戦いだったが、孫権の同盟者として参加。火計により大勝利を収める。 | 軍師 **孔明** |
| VS 劉璋 **蜀の遠征** 212～214年 | 漢中（かんちゅう）制圧へと向かった劉備だったが、劉璋に依頼した軍需物質が乏しく不仲になる。龐統の策を用いて白水関（はくすいかん）を制圧し、蜀へと進軍。途中龐統が戦死したものの、劉璋を降伏させた。 | 軍師 **龐統** |
| VS 曹操 **漢中争奪戦** 217～219年 | 法正（ほうせい）の進言により、曹操の支配下にあった漢中を劉備軍が攻撃。敵将·夏侯淵（かこうえん）を討つなど曹操軍を撃破。その後、遠征してきた曹操も退けて漢中支配を確固たるものにした。 | 軍師 **法正** |

**伝授**

孔明と龐統は「伏竜《ふくりゅう》・鳳雛《ほうすう》」と呼ばれ、当代きっての大学者・司馬徽《しばき》に「どちらかを手に入れれば天下を取れる」とまで言わしめた逸材。法正は、曹操に「わしは有能な人材をほぼ全て集めたつもりだったが、なぜ法正を手に入れなかったのか」と嘆かせた知恵者。

## 歯に衣着せぬ龐統の逸話

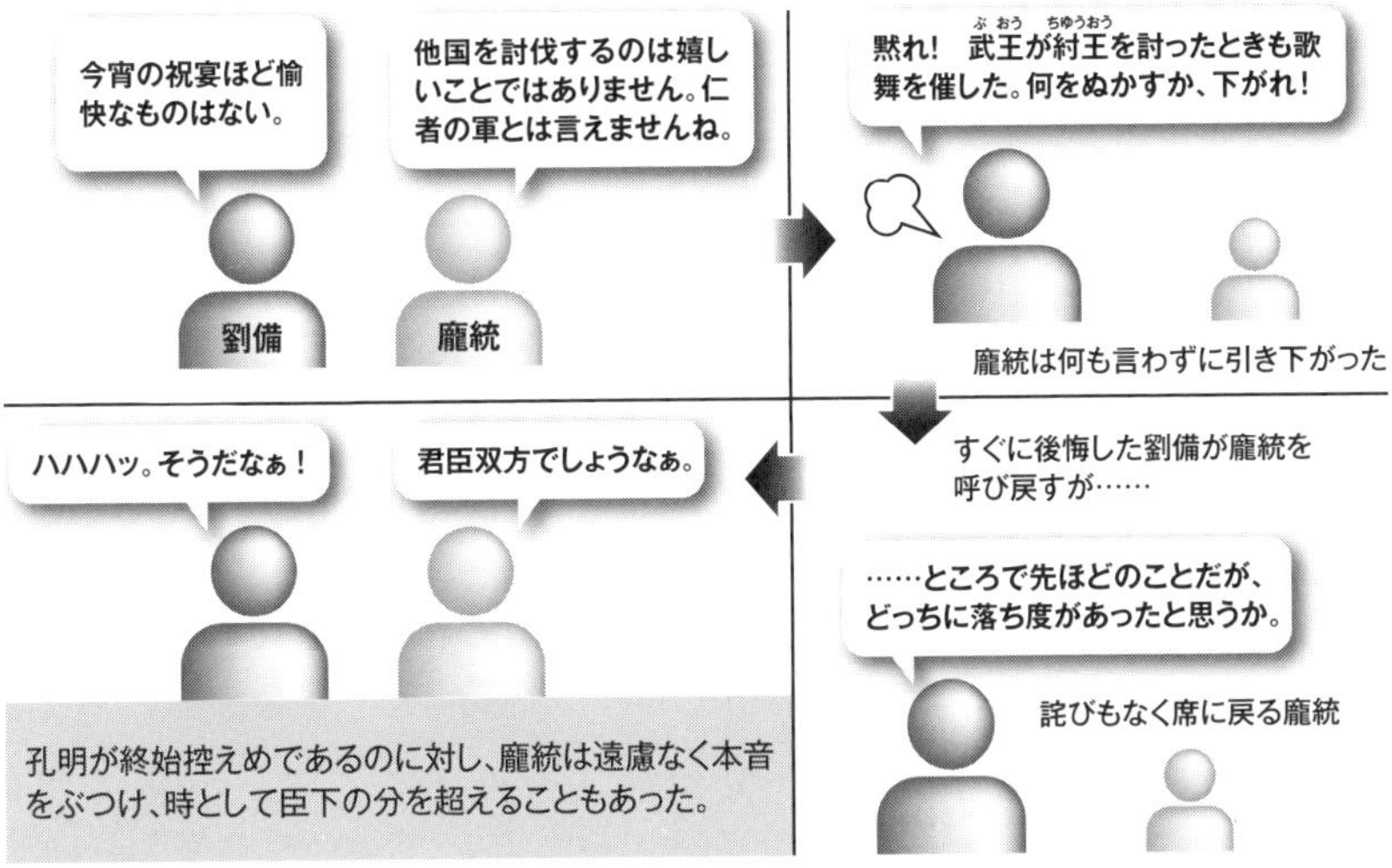
今宵の祝宴ほど愉快なものはない。
他国を討伐するのは嬉しいことではありません。仁者の軍とは言えませんね。
劉備
龐統
黙れ！ 武王《ぶおう》が紂王《ちゅうおう》を討ったときも歌舞を催した。何をぬかすか、下がれ！
龐統は何も言わずに引き下がった
すぐに後悔した劉備が龐統を呼び戻すが……
……ところで先ほどのことだが、どっちに落ち度があったと思うか。
詫びもなく席に戻る龐統
君臣双方でしょうなぁ。
ハハハッ。そうだなぁ！
孔明が終始控えめであるのに対し、龐統は遠慮なく本音をぶつけ、時として臣下の分を超えることもあった。

「杓子定規《しゃくしじょうぎ》な考え方では成功は望めません。劉璋に義を貫きたいのなら、天下平定の暁《あかつき》に大国の王に封じればよろしい。他人に甘い汁を吸われますぞ！」

主君にたてついてでも意見を貫く強さを持った人物だったようだ。

しかしそれでも劉備の迷いは消えなかった。劉璋に出迎えられ、盛大な宴会まで催されたせいか、再び決心が鈍ってしまう。漢中制圧の依頼を引き受けて軍を進めたところで、進退極まり軍を止めてしまったのだ。ここで再び龐統が動く。三つの策を劉備に進言したのである。上の策はこのまま反転して成都《せいと》を急襲。中の策は劉備軍に反感を抱く城を攻めた上で成都を攻める。下の策はひとまず撤退。劉備は悩んだあげく中の策を取り入れた。龐統にしてみれば予定どおりであろう。**あらかじめ落としどころを用意して献策するあたり、人を説得する術《すべ》を心得ている。**

龐統は蜀攻略の途中、流れ矢に当たり戦死してしまう。時に三十六歳。劉備は落胆のあまり涙を流して龐統の名を叫び続けた。言うべきことを言いながらも絶大な信頼を得ていた証拠であろう。

三国志 11

赤壁《せきへき》の戦いの立役者〜周瑜《しゅうゆ》〜

# 胆力と知力で圧倒的な敵に勝利する

**文武の籌略《ちゅうりゃく》は万人の英なり。その器量の広大なるを顧《かえりみ》るに、恐らくは久しく人臣たらざるのみ**

〈訳〉

文武の知略は、万人の英傑といえよう。その器量の大きさを考えると、いつまでも臣下として甘んじているようなレベルの人物ではない。

## ■胆力を支える緻密な計算

三国時代最大の決戦・赤壁の戦いにおいて、曹操《そうそう》軍二十数万は、周瑜率いる孫権《そんけん》軍三万の水軍に大敗北を喫した。『三国志演義《えんぎ》』ではフィクションを多々盛り込んでいるが、実際のところ劉備《りゅうび》軍はほぼ関与していない。周瑜が曹操軍を破ったという構図が本来の姿だろう。

曹操が南下をはじめたとき、呉《ご》では決戦か降伏かの大激論が展開されたが、降伏派を説き伏せて決戦に導いたのが周瑜であった。敵が不慣れな水上戦を挑んでいること、長途の遠征で疲弊していること、疫病が流行していることなどを整然と述べ、曹操軍の弱点を分析してみせた。そして黄蓋《こうがい》に降伏を偽らせる妙計を用い、赤壁の大勝利を呼び込んだ。**緻密な計算に裏付けされた胆力が、国を一つに団結させたといえよう。**

周瑜は孫権の兄・孫策《そんさく》と親友の間柄にあった上、知謀と人望を備えていたためみなから一目置かれていた。とりわけ目上の者や年長者からの信頼は厚く、君主・孫権も兄事《けいじ》するような態度だったという。重臣・程普《ていふ》などは、「付き合ううちに、酔わされてしまう」と評し、周瑜の人間的なスケールをたたえている。

後に呉の帝位についた孫権は、「今日があるのは周瑜のお陰である」と語っている。三十六歳という若さでこの世を去ったことが惜しまれる。

## 赤壁の戦い

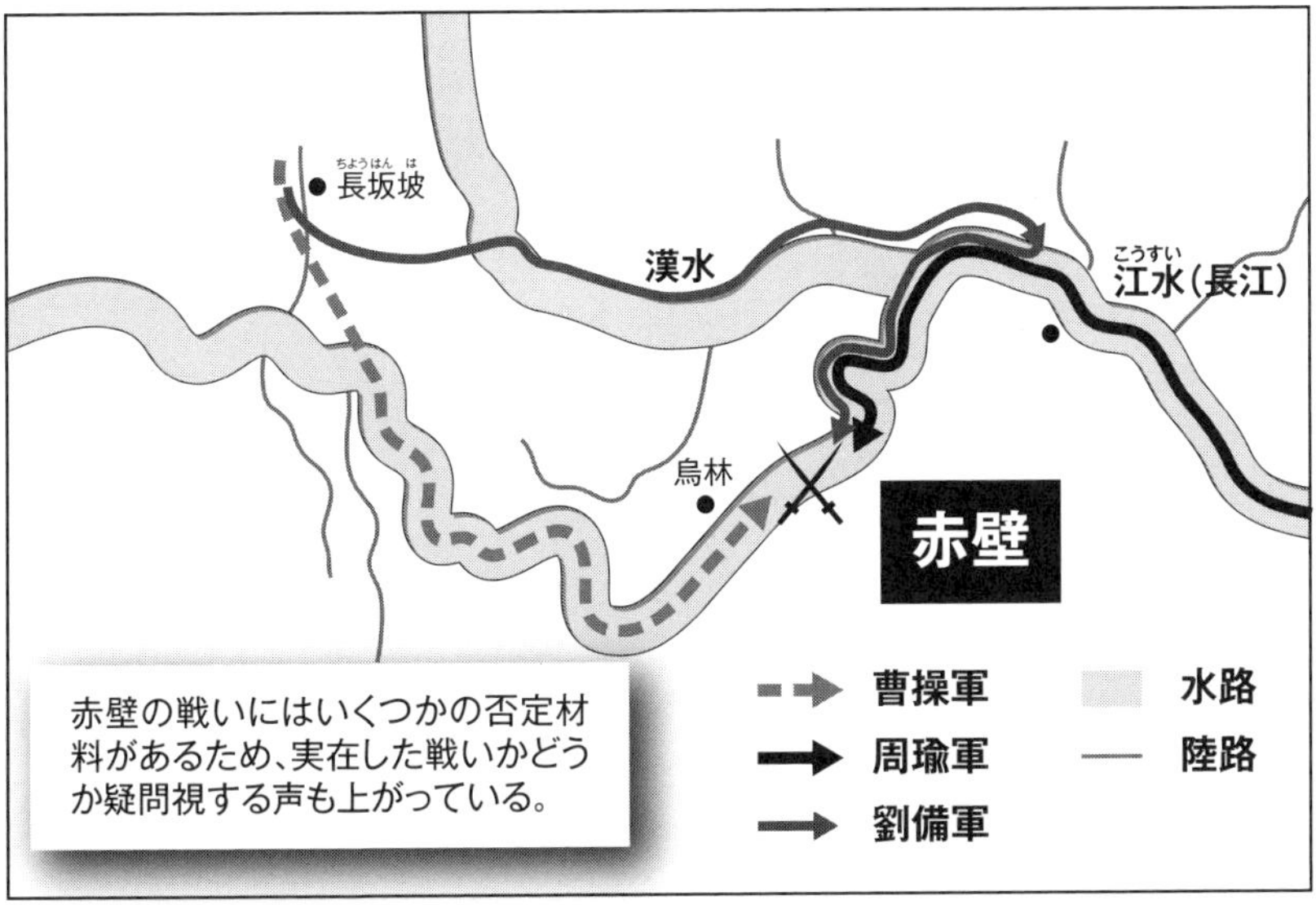
長坂《ちょうはん》坡《は》
漢水
江水《こうすい》(長江)
烏林
赤壁
赤壁の戦いにはいくつかの否定材料があるため、実在した戦いかどうか疑問視する声も上がっている。
曹操軍
周瑜軍
劉備軍
水路
陸路

### 1 両軍、赤壁で遭遇

曹操軍は長江の北岸に、周瑜軍は南岸に停泊しにらみ合う。
このとき曹操軍には疫病が発生していた。

### 2 黄蓋の進言

黄蓋が敵の船を見て、舳先と艫《とも》が接続していることを発見。
周瑜に火計(火攻め)を進言する。

### 3 火計の成功

周瑜は黄蓋に降伏申し入れの書状を送らせて、枯れ草を積んだ船とともに曹操軍へと突入させる。曹操軍大炎上。

### 4 曹操軍敗走

曹操軍は大混乱に陥り敗走。
周瑜・劉《りゅう》備《び》の連合軍が追撃をかけた。

三国志 12

## 猛将から進化を遂げた知将～呂蒙《りょもう》～

# 自己開発に成功するためにすべきこと

**呉の知将の変遷**

| 人物 | 事績 | 戦略 |
| --- | --- | --- |
| 周瑜《しゅうゆ》（175～210年） | ●劉備《りゅうび》と同盟を結び、赤壁《せきへき》の戦いで曹《そう》操《そう》軍に勝利を収める。容姿端麗で人望も厚かった。 | 積極戦略 |
| 魯粛《ろしゅく》（172～217年） | ●周瑜とともに赤壁の戦いに参加。周瑜の遺言により後任となり、和平的な戦略をとる。 | 和平戦略 |
| 呂蒙（178～219年） | ●魯粛の死後、陸口《りくこう》を守る。虎視眈々と荊州《けいしゅう》を牽制し、隙を衝《つ》いて関羽を討つ。荊州を平定する。 | 詭道《きどう》戦略 |

初め軽果《けいか》にして
妄《みだり》に殺すといえども、
終《つい》に己《おのれ》に克《か》つ。国士の量あり。
あにただの武将のみならんや

〈訳〉

初めは勇気にはやって殺戮をこととするだけの武将に過ぎなかったが、後に苦心努力して、よくそれらの欠点を克服した。もはや単なる武弁ではなく、国士の器と言うべきである。

### ■努力によって変貌した人物

かの関羽《かんう》を謀略によって討ち取ったことで知られる呂蒙は、初めから知勇兼備の武将ではなかった。もともとは武勇一辺倒の人物に過ぎず、勉強も嫌いだったという。それが、孫権《そんけん》の適切なアドバイスによって「文」に目覚

### 関羽VS呂蒙の駆け引き

**関羽** / **呂蒙**

1 （呂蒙）魯粛の和平路線を踏襲する。いっそう丁重な態度で関羽に接し、友好関係を保った。

2 （関羽）呂蒙の弱腰に安心し、手勢を率いて魏《ぎ》の樊城《はんじょう》を包囲する。しかし万一に備え、かなりの兵力を本拠に残した。

3 （呂蒙）関羽の後方部隊を樊城攻撃に参加させるため、病気療養と偽って都の建業《けんぎょう》へと帰還する。

4 （関羽）呂蒙が任地を離れたことを知り、本拠に残した兵力を前線へと投入。本拠を空にする。

5 （呂蒙）呂蒙自ら先遣部隊を率い、関羽の本拠を制圧。略奪を禁じ、関羽軍の留守家族を手厚くもてなして手なずける。

6 （関羽）半信半疑であったが、ようやく事態を悟る。部下は家族が厚遇されていることを知り戦意喪失。逃げ場を失った関羽は呉軍に捕縛され斬られる。

**伝授**

呂蒙は一兵も失うことなく荊州《けいしゅう》を平定した。孫子のいう「兵は詭道なり（戦とはだまし合いである）」を実践した戦いといえよう。

め、猛勉強の末、国内随一の知将へと変貌を遂げた。中国史上、これほど見事な成長を果たした人物はそうそういない。

## ■呉《ご》下《か》の阿《あ》蒙《もう》に非《あら》ず

呂蒙の向学心と進歩の早さは目を見張るものがあった。**とりわけ歴史書と兵法書をよく学び、戦場にまで書物を持ち込む勤勉ぶりだったという。**また、元来戦場を駆け回っていたせいか、兵法の極意や具体的事例などは身に染みて理解できた。いつしか呂蒙は、学者顔負けの学識を持つ大人物になっていた。

呉の重臣・魯粛が周瑜の後任として任地へ向かう途中、呂蒙を訪ねたことがあった。魯粛は彼の変貌ぶりを未だ知らなかったらしい。さまざまな意見交換をするうち、どんな話題になっても明晰な答えが返ってくることに気づき、感嘆したという。そのときの魯粛の言葉が、「また呉下の阿蒙に非ず」である。もはや昔の呂蒙君ではないという意味になる。

上司や先輩をうならせる域にまで進歩を遂げるのは並大抵の努力ではない。刻苦《こっく》勉励《べんれい》の大切さを思い知らされるエピソードだ。

三国志 13

曹操《そうそう》のブレーン～荀彧《じゅんいく》～

# 理想的な参謀役が持つべき条件

**彧《いく》は徳行周備《とくこうしゅうび》、正道に非《あら》ざれば心を用いず。名、天下に重く、以《もっ》て儀表《ぎひょう》とせざるなし**

〈訳〉
荀彧は、是は是、非は非として、あくまでも主張してやまないような人物であった。その名は天下に重く、手本としない者はいなかった。

## ■参謀役に求められる処世術

どんな英邁《えいまい》な人物であっても、それを支える部下に恵まれなければ覇業をなすことはできない。稀代の英雄・曹操《そうそう》も例に漏れず、有能な部下を数多く抱えていた。なかでも最高のブレーンとして活躍していたのが荀彧だ。戦略計画の策定から本拠地の経営、さらには人材の推薦までその貢献は多岐にわたっており、曹操は、重大事は必ず荀彧と相談して決めていた。

しかし多大な貢献をしていながら、彼は悲劇的な末路を辿っている。原因は次のようなことであった。

あるとき董昭《とうしょう》という朝廷高官が、九錫《きゅうせき》の授与（帝位の譲渡への布石となる行為）を朝廷に願い出るため、荀彧に意見を求めた。すると彼は、「殿は朝廷を救うために忠義を貫かれている」と諫《いさ》めたという。しかし曹操の目的は全く違っていた。帝位につく野心を秘めていたため、九錫の授与は願ってもないチャンスだったのだ。以後、荀彧は国の中枢から外されてしまった。

**参謀役は、トップと目的が同じであれば能力を思う存分発揮できるが、目的が異なれば真っ先に疎まれる。慎重で柔軟でなければ参謀役は務まらない。**

荀彧は官渡《かんと》の戦いの十二年後、自ら命を絶った。

## 官渡の戦いにおける荀彧の尽力

**袁紹《えんしょう》との対決に勝算が持てずにいた曹操に対し、荀彧は決戦を促した。**

**4つの点で比較**

### 器量について

| | |
|---|---|
| 袁紹 | 実は猜疑心のかたまり。仕事を任せながら部下を疑っている。 |
| 曹操 | 物事にこだわらず、適材適所に徹している。 |

### 謀について

| | |
|---|---|
| 袁紹 | 腰が重くて煮え切らず、いつも好機を逃す。 |
| 曹操 | 大事を決断し、応変《おうへん》の将略《しょうりゃく》に長けている。 |

### 武略について

| | |
|---|---|
| 袁紹 | 軍に統制を欠き、軍令が行き渡らないため兵力どおりの力はない。 |
| 曹操 | 軍令を確立して信賞必罰《しんしょうひつばつ》。兵力は劣っても死ぬ気で戦う強者揃い。 |

### 徳について

| | |
|---|---|
| 袁紹 | 評判ばかりを気にしていたため、口先ばかりの輩が集まっている。 |
| 曹操 | 分け隔てなく部下に接しているため、志のある人々が集まってくる。 |

**曹操は自信を回復して官渡の戦いに臨んだ。**

**荀彧はあくまでトップの比較論にしぼって曹操を説得した。**

●官渡の戦いのさなか、袁紹の大軍に囲まれ兵糧《ひょうろう》が尽きかけた曹操が、本拠地を守る荀彧に意見を求めた。

兵糧が底を尽きかけている。本拠地の許《きょ》に撤退して籠城したいと考えているがどう思うか?

敵の攻勢もこれが限度。膠着《こうちゃく》状態が破れるときがきますから、そのときこそ一気に決着をつけるのです。

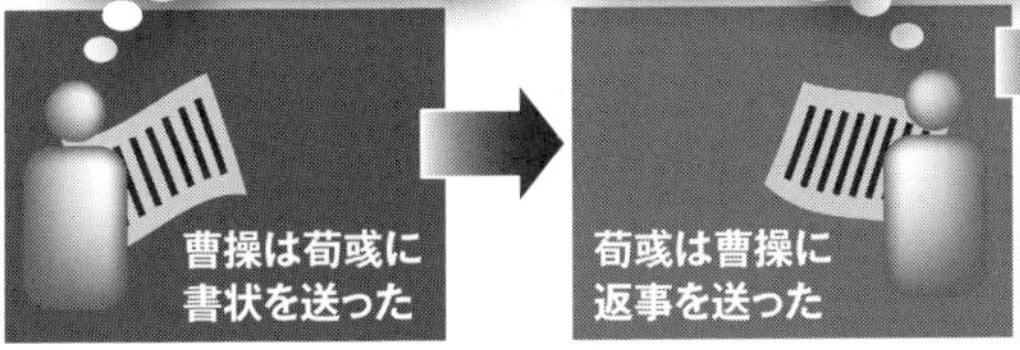
曹操は荀彧に書状を送った
荀彧は曹操に返事を送った

**曹操は官渡に踏みとどまり、やがて敵の隙に乗じて奇襲をかけ、劇的な勝利を収めた。**

三国志 14

## 知略に富んだ名将～陸遜《りくそん》～

# 無名の存在が大事をなすための心得

**遜《そん》の謀略を奇《き》とし、また権《けん》の才を識《し》るを嘆《たん》ず。大事を済《な》す所以《ゆえん》なればなり**

〈訳〉 陸遜の謀略は奇才と呼ぶにふさわしく、また孫権はその才を見抜く確かな眼を持っていた。それが大事をなした理由である。

### ■深い読みでチャンスを待つ

孫権《そんけん》の時代、呉《ご》は二度大きな外敵を迎えている。一つは曹操《そうそう》軍との赤壁《せきへき》の戦い、もう一つは劉備《りゅうび》軍との夷陵《いりょう》の戦い。この二度目の外敵を退けたのが、当時無名に近かった陸遜であった。彼が総司令官についたとき、武将達は若輩者と侮《あなど》り、命令に従おうとしなかったという。抜擢人事にありがちである。しかし陸遜は剣を握り、「軍令に違反する者は断固斬る」と叱咤《しつた》した。

陸遜の作戦は『孫子』の「佚《いつ》を以《もつ》て労《ろう》を待つ」にならい、一に守りを固め、二に相手の疲れを待ち、三に弱点を一気に叩くというものだった。王道すぎる作戦に思えるが、陸遜は劉備軍をその状況へと追い込むまでに数ヶ月を費やしている。そして敵の油断がピークに達した隙に火攻めを敢行。劉備軍に壊滅的な打撃を与えた。まさに忍耐力がもたらした勝利だといえよう。

また、劉備軍が敗走すると呉の武将達は先を競って追撃の命令を求めたが、陸遜は冷静に戦況を見つめ、撤退の判断を下した。実はこのとき、魏《ぎ》の大軍が国境付近に集結し、漁夫の利を狙っていた。もし追撃の命を下していれば、呉《ご》の命運は危ういものになっていたはずだ。

**トップには、広い視野と「読み」を支える揺るぎない自信が求められる。**陸遜がそれらを備える名将だという事実が、この戦いによって証明された。

## 夷陵の戦い

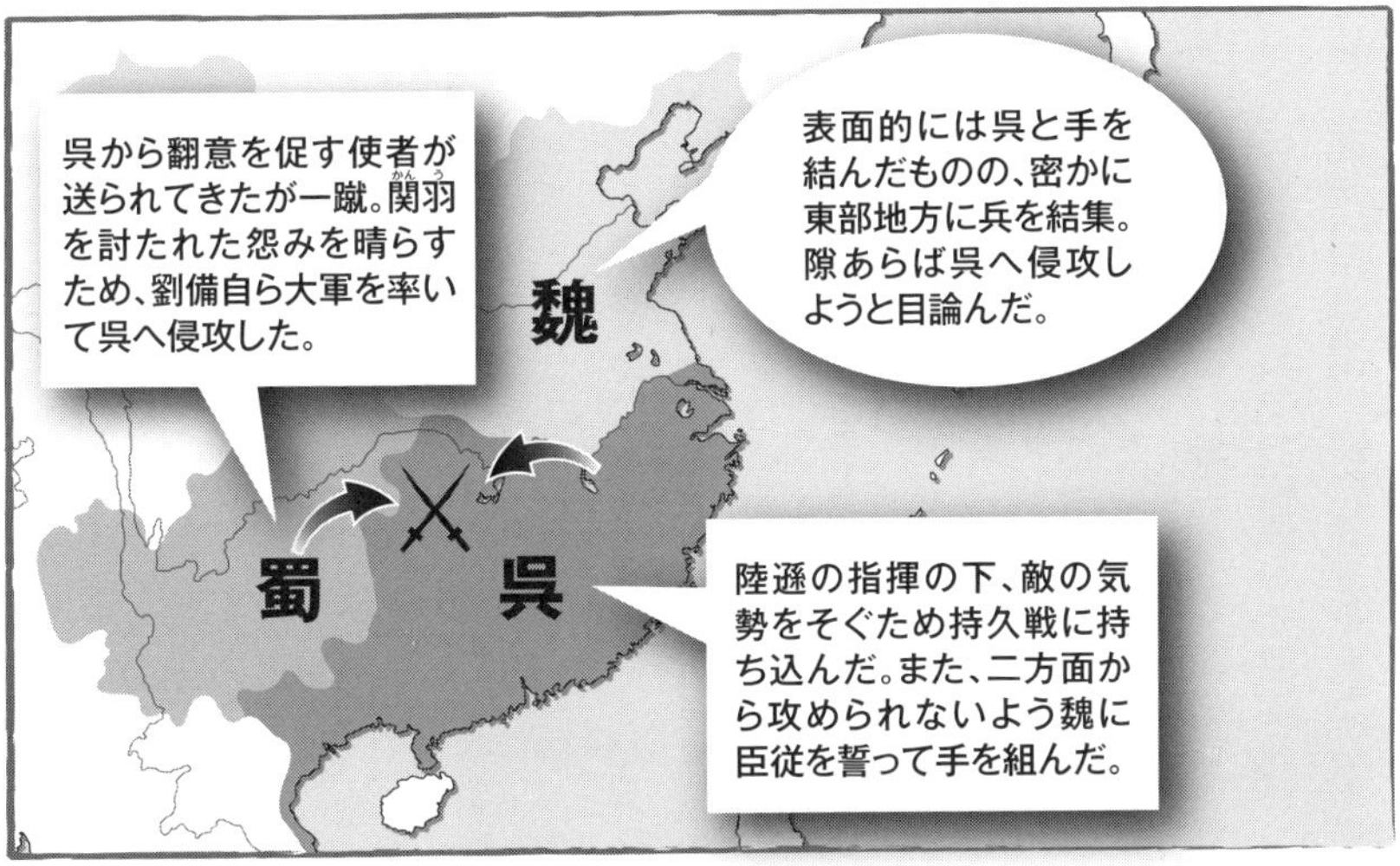
呉から翻意を促す使者が送られてきたが一蹴。関羽《かんう》を討たれた怨みを晴らすため、劉備自ら大軍を率いて呉へ侵攻した。
表面的には呉と手を結んだものの、密かに東部地方に兵を結集。隙あらば呉へ侵攻しようと目論んだ。
魏
蜀
呉
陸遜の指揮の下、敵の気勢をそぐため持久戦に持ち込んだ。また、二方面から攻められないよう魏に臣従を誓って手を組んだ。

## 呉と蜀の関係推移

**208年** 孫権と劉備が手を組み、赤壁の戦いに勝利

**209年** 孫権の妹が劉備と結婚

**215年** 荊州《けいしゅう》返還を巡り緊張が高まったものの、荊州の東半分を返還することで合意

**219年** 孫権が荊州を奪還。関羽を討つ

**221年** 劉備が呉に侵攻

**222年** 夷陵の戦いで劉備敗走。白帝城《はくていじょう》へ撤退

**223年** 呉の使者が劉備を訪問。孔明《こうめい》が呉に使者を送り同盟成立

友好
緊張
敵対
友好

三国志 15

孔明《こうめい》の後を継いだ者達〜蒋琬《しょうえん》・費禕《ひい》〜

# 大黒柱を失ってもなお生き延びる方法

**蒋琬は方整《ほうせい》にして威重《いちょう》あり、費禕は寛済《かんさい》にして博愛《はくあい》す。みな諸葛《しょかつ》の成規《せいき》を承《う》け、因循《いんじゅん》して革《あらた》めず**

〈訳〉蒋琬は公平無私で威重があり、費禕は博愛精神を持ち人々を広く助けた。いずれも諸葛孔明の言い残した方針を守り、決して踏み外すことはなかった。

## ■守成《しゅせい》型の政治に適した人材

国政の中心にあったばかりでなく、軍事面の最高指揮者としても連年のように北伐《ほくばつ》を敢行していた孔明。その死は蜀《しょく》に大きな衝撃を与えた。小国の蜀が魏《ぎ》を相手に総力戦を挑みながら一糸の乱れも見せなかったのは、孔明だからなし得た壮挙と言っていい。したがって後任者の責務は、いかに大黒柱喪失の影響を少なくし、国としてのまとまりを維持していくかであった。

孔明の後を継いだ蒋琬は、この国難を守成の政治によって上手く切り抜けてみせた。その後を継いだ費禕も、外への積極姿勢をひかえ、国力安定に尽力した。彼らは自分の役割を心得ていたのだ。**蜀の最優先課題は、外へのガードと民生の回復。その二つに絞って政治を行ったことで、孔明の死後三十年間、国に安泰をもたらすことに成功した。**ちなみに、二人を後任に指名したのは孔明だったという。

費禕が不慮の死を遂げた後、軍事面のトップに就いた姜維《きょうい》は北伐を再開したことで国力を消耗させ、滅亡の原因を作ってしまった。この一事を見ても、時として守成型の消極戦略が必要であることが分かる。トップにはそれを冷静に見極める力が求められる。

## 蒋琬・費禕という人物

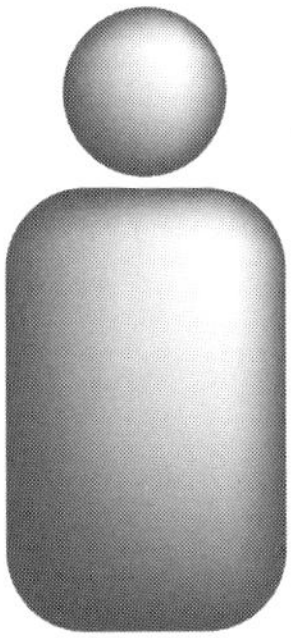

**蒋琬**
(?〜246 年)

- 人柄がよいマイペースな人物。
- 孔明の北伐の際、前線への補給を一手に引き受けた。
- 孔明死後も呉蜀同盟の維持に尽力。
- 私心がなく公平な態度で人々に接した。国の恩賞・刑罰を一手に担っていたという。

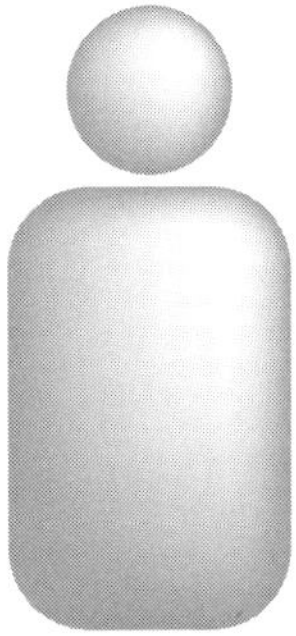

**費禕**
(?〜253 年)

- 頭脳明晰な能吏タイプ。
- 孔明の生前、たびたび呉への使者を務め、孫権《そんけん》に「天下の淑徳《しゆくとく》」と賞された。
- 北伐に積極的な姜維を抑え込んでいた。
- 政務の処理スピードは人の数倍速かったという。

## 孔明没後の蜀の変遷

**234年** 孔明、五丈原《ごじようげん》にて陣没

**246年** 孔明の後を継いだ蒋琬、病死

**249年** 魏で政変が起こり、敵の将軍・夏侯覇《かこうは》が投降

**253年** 費禕、魏から投降してきた郭循《かくじゆん》に刺殺される

**258年** 宦官《かんがん》の黄皓《こうこう》、劉禅《りゆうぜん》の寵愛を受けて権力を握る

**263年** 司馬昭《しばしよう》の指揮の下、魏軍が侵攻。劉禅が無条件降伏し、蜀滅亡

三国志 16

孔明《こうめい》のライバル～司馬《しば》仲達《ちゅうたつ》～

# 最後に勝利を収めた「待ち」の戦術の真意

**内は忌《き》にして外は寛《かん》、猜忌《さいき》して権変《けんぺん》多し**

〈訳〉 上辺は寛容に見えるが、内心は疑い深い。猜疑心が強く、権謀術数《けんぼうじゅつすう》に長けていた。

## 五丈原の戦い以後の司馬仲達

| | |
|---|---|
| 234年 | 孔明、五丈原にて陣没。軍を引く |
| 238年 | 公孫淵《こうそんえん》が反乱。同年鎮圧 |
| 240年 | 魏《ぎ》の実権を巡り、曹爽《そうそう》との対立が深まる |
| 247年 | 仲達、隠居（翌年曹爽の腹心が見舞いに来た際は痴呆の芝居をして警戒心を解いたという） |
| 249年 | 仲達、クーデターを起こして曹爽一族を処刑。魏の実権を握る |
| 251年 | 仲達、死去 |
| 265年 | 司馬炎《しばえん》（仲達の孫）、曹奐《そうかん》（曹操《そうそう》の孫）から禅譲《ぜんじよう》を受け、晋《しん》を建国 |

## ■五丈原《ごじょうげん》の戦いの真実

孔明による第五回北伐《ほくばつ》の仲達との五丈原の戦いは、結論から言えば戦いらしい戦いもなく、引き分けに終わった。名人巧者の戦いとは、いつの時代もこんなものかもしれない。しかし目的達成度の点から見ると、単なる引き分けとは言い難い。孔明の最終目的は敵を討伐することであったのに対し、仲達の目的は敵を退かせることだった。つまり目的を達したのは仲達になる。

## 司馬仲達の臨機応変な戦いぶり

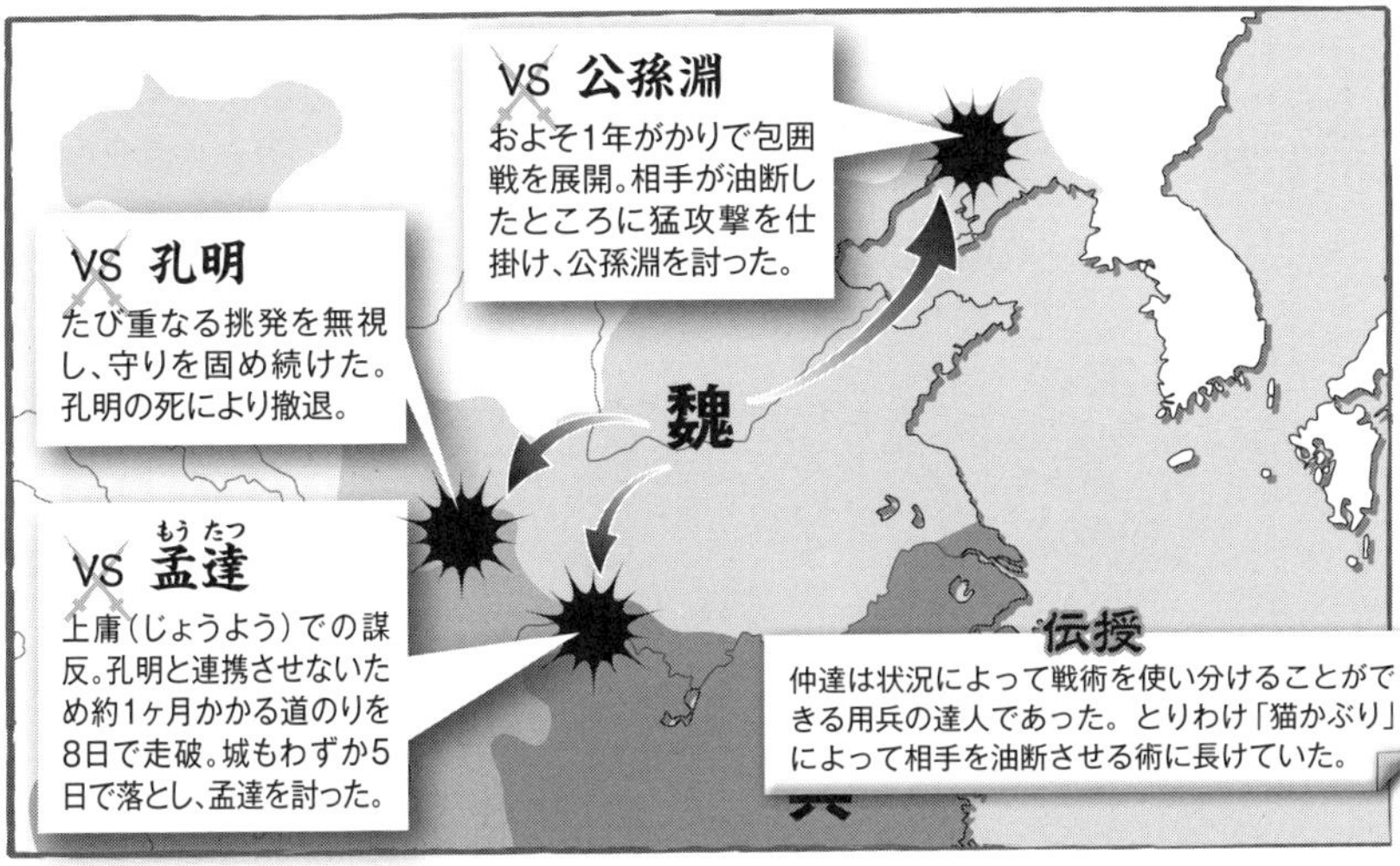
VS 公孫淵
およそ1年がかりで包囲戦を展開。相手が油断したところに猛攻撃を仕掛け、公孫淵を討った。
VS 孔明
たび重なる挑発を無視し、守りを固め続けた。孔明の死により撤退。
魏
VS 孟達《もうたつ》
上庸(じょうよう)での謀反。孔明と連携させないため約1ヶ月かかる道のりを8日で走破。城もわずか5日で落とし、孟達を討った。
伝授
仲達は状況によって戦術を使い分けることができる用兵の達人であった。とりわけ「猫かぶり」によって相手を油断させる術に長けていた。

仲達はたびたび孔明から挑発を受けていたが、守りを固め、全く動こうとはしなかった。唯一動いたのは孔明の陣没によって蜀《しょく》軍が撤退をはじめたときのみ。しかし、追撃をしたものの敵が反撃に出たのを見るとすぐに撤退の命令を下してしまった。これを見た百姓達が、かの有名な故事、「死せる諸葛《しょかつ》、生ける仲達を走らす」と語り合ったのだという。ある者がそれを仲達の耳に入れると、彼は平然と言ってのけた。

「生きている人間なら計略にもかけられようが、死んだ人間相手ではどうにもならんよ」

その言葉には余裕すら感じられる。**仲達ははじめから本気で追撃する気などなかったのかもしれない。ただ将兵達のガス抜きのため軍を動かした可能性もある。**いかなるときでも冷静に目的のみを見据える老獪《ろうかい》さは、恐ろしさすら感じさせる。

その老獪さは政治的処世にも発揮された。仲達を登用したのは曹操であったが、策謀家同士何か感じるものがあったのか、はじめはずいぶん警戒されたらしい。そんな中でも仲達は与えられた勤務に精励し、ついには全幅の信頼を勝ち得ている。まさに緻密な「待ち」の戦術によって立身を遂げた代表例といえよう。

## Profile

1945年生まれ。
68年、「山賊の唄が聞こえる」でデビュー。
97年、全集「マンガ日本の古典」の『葉隠』で
第1回文化庁メディア芸術祭マンガ部門大賞受賞、
同年、『新選組』で第43回文藝春秋漫画賞を受賞。
98年、『坂本龍馬』で第2回文化庁メディア芸術祭マンガ部門大賞受賞、
2002年、『赤兵衛』で第47回小学館漫画賞審査委員特別賞受賞。
04年、紫綬褒章受章。
『千思万考　歴史で遊ぶ39のメッセージ』(幻冬舎)など著書多数。

終章

# 中国古典の正しい読み方

文字面だけを追っていても、
中国古典の真髄に触れることはできない。
中国古典がどのように時代を経てきたのか。
あるいはいにしえの人々がどのように読み、血肉化したのか。
思想的な背景を踏まえながら中国古典の正しい読み方を伝授する。

漫画家・コメンテーター
黒鉄ヒロシ（くろがね・ひろし）

総1論

儒教を捨てた「架空の国」

# 中国から失われた中国古典

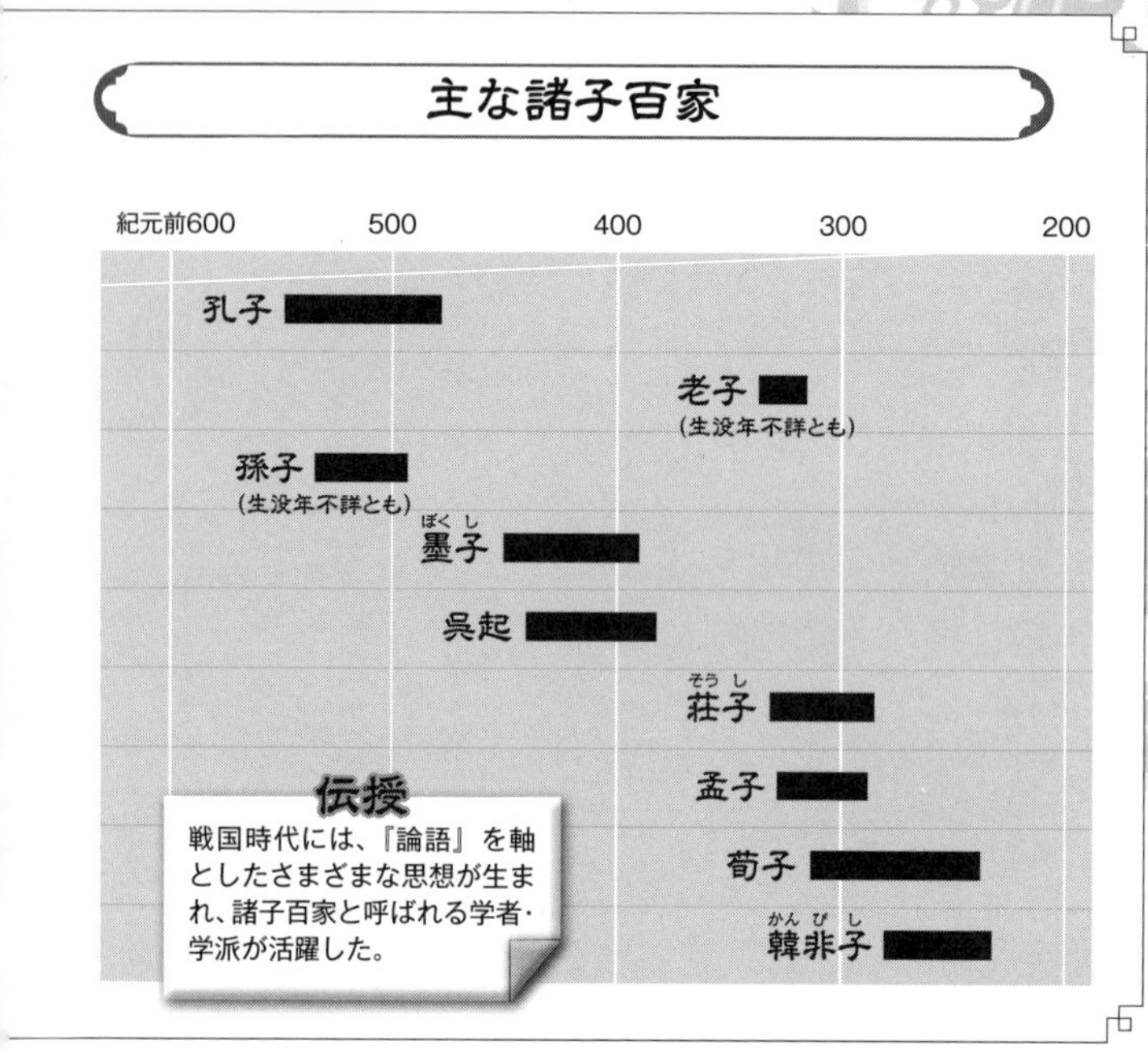
主な諸子百家
紀元前600
500
400
300
200
孔子
老子
(生没年不詳とも)
孫子
(生没年不詳とも)
墨子《ぼくし》
呉起
荘子《そうし》
孟子
荀子
韓非子《かんぴし》
伝授
戦国時代には、『論語』を軸としたさまざまな思想が生まれ、諸子百家と呼ばれる学者・学派が活躍した。

## ■始皇帝《しこうてい》の時代がターニングポイント

『論語』が誕生したのは、約二千五百年前にさかのぼる。約三千五百人の弟子を抱えていた孔子によって確立され、彼の死後、弟子達が全国に散らばったことで世に知られるようになった。

戦国時代になると、儒教以外の個性的な思想も花開き、諸子百家《しょしひゃっか》の時代が到来する。性善説《せいぜんせつ》の孟子《もうし》、性悪説《せいあくせつ》の荀子《じゅんし》、無為自然を唱えた老子《ろうし》、戦争の法則性を追求した孫子や呉起《ごき》……。古代中国は、史上稀《まれ》に見る思想の地として活況を見せていた。

しかし、古代中国に根付きはじめたこれらの思想は、ある歴史的大事件によって壊滅的な打撃を被《こうむ》ってしまう。秦《しん》の始皇帝による「焚書坑儒《ふんしょこうじゅ》」だ。この世界でも類を見ない思想弾圧によって、中国の思想史は断絶に追い込まれてしまった。

### 戦国時代の中国

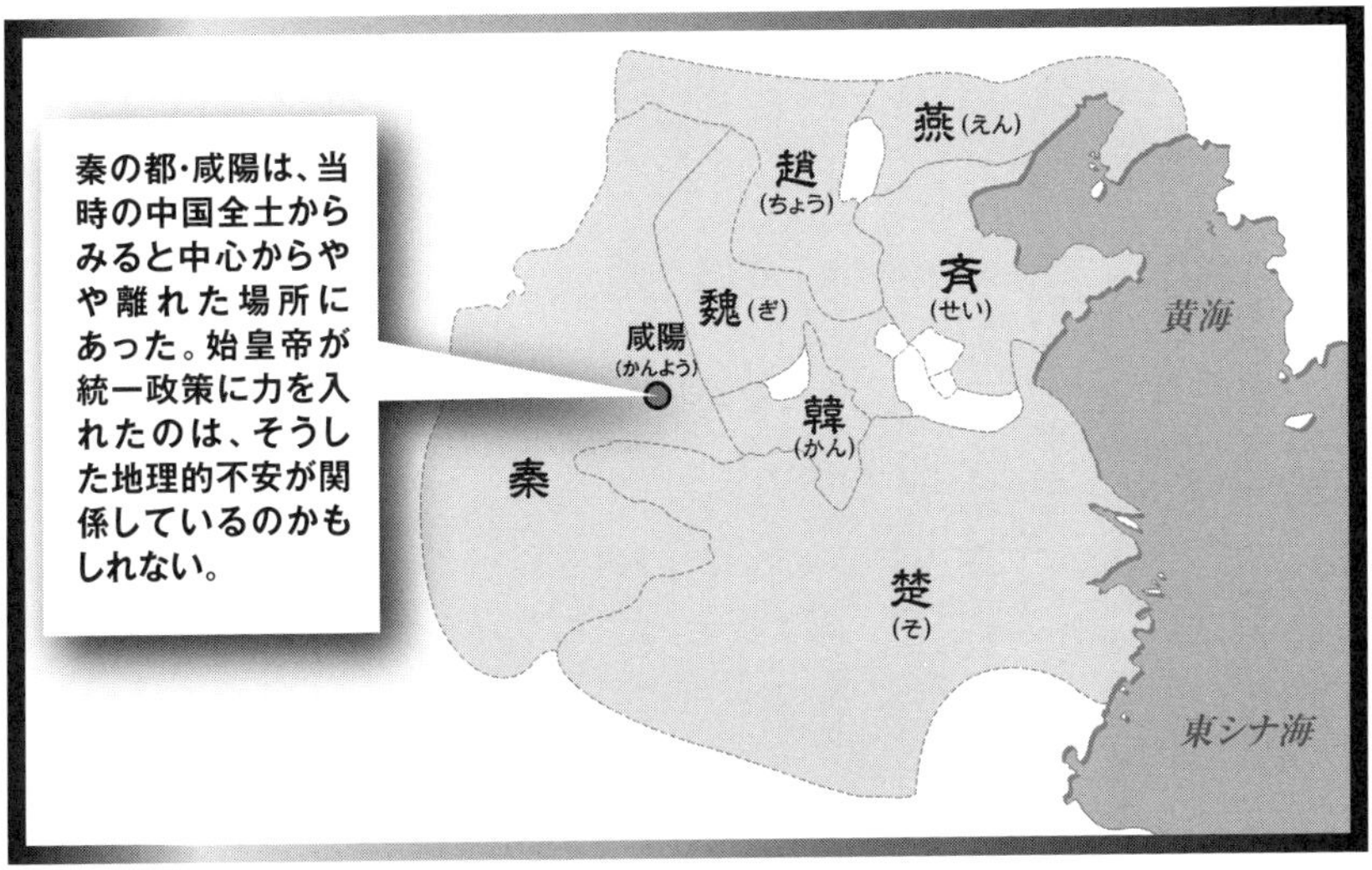
秦の都・咸陽は、当時の中国全土からみると中心からやや離れた場所にあった。始皇帝が統一政策に力を入れたのは、そうした地理的不安が関係しているのかもしれない。
燕（えん）
趙（ちょう）
斉（せい）
魏（ぎ）
咸陽（かんよう）
韓（かん）
秦
楚（そ）
黄海
東シナ海

## ■拠りどころを失った中国

現在の中国を見てほしい。かの国は、儒教でいう徳などの概念、ありていに言えばモラルが失われ、「架空の国」になってしまった。これは、焚書坑儒による思想史断絶が深く影響を及ぼしている。

一度離れていった思想は、そうやすやすとは人心に戻ってこない。たとえ正当な思想復活を目指す者が現れたとしても、弾圧の歴史やその時々の政治的事情により、ねじれが生じる。**今の中国を見る限り、生き残った古典は『兵法三十六計』のみと言わざるを得ない。**

Column

### 焚書坑儒とは

天下統一を果たした秦の始皇帝は、従来の封建制度を廃止し、郡県制《ぐんけんせい》の施行や言語統一などの徹底した統一政策を行った。当時の中国はネポティズム（縁故《えんこ》主義）による同族支配が主だったが、そうした土地の文化や背景を無視し、始皇帝が選んだ人材を配置するというやり方は波紋を呼んだ。とりわけ反対したのが儒者達であった。引き金になった事柄が何だったのかは諸説あるが、紀元前213～212年、始皇帝は過酷な弾圧を実施する。儒者や民間人が持っていた書物をことごとく焼き払い、その上約460名の儒者を捕らえて生き埋めにしてしまったのだ。これにより儒教は大きく衰退していった。

総2論

## 海を渡った中国古典

# 日本は中国古典を上手く吸収した

### ■百済《くだら》を経て日本へ上陸

日本に中国古典が伝来したのは五世紀頃だといわれている。五経博士《ごきょうはくし》が海を渡り儒教を伝えたとも、王仁《わに》という人物が『論語』を携えて渡来したともいわれているが、真相は定かではない。いずれにしろ、飛鳥《あすか》時代には日本に入っていたらしい。

もっとも、日本と中国では儒教の捉え方に大きな違いがあった。中国では「孔子教《こうしきょう》」などの別称があるとおり宗教的側面が強かったが、日本ではもっぱら学問的側面が強く、支配階級などが一種の基礎教養として取り入れていた。奈良時代や平安時代の律令制《りつりょうせい》に儒教の影響が見られるのも、支配階級に中国古典の知識が組み込まれていたことの証明だといえよう。また、先祖供養に用いる位《い》牌《はい》などは儒教が起源とされており、儀式的習慣としても浸透していったようだ。

### ■武家が目をつける

しかし、本家から追われた中国古典が、なぜ異国の地・日本で普及したのか。それは日本人の国民性によるところが大きい。**日本は、外国から知識を吸収することに長けている。戦国時代しかり、幕末しかり、その吸収力によって国を発展させたといっても過言ではない。**その上日本人は、取り入れた知識をそのまま用いたりせず、咀《そ》嚼《しゃく》した上で独自解釈を加える傾向がある。一概に長所とはいえないが、上手く活用したという見方もできよう。儒教を学問的側面から捉えたことなどは、その最たる例であろう。

やがて戦国時代に入ると、支配階級のものであった中国古典は名だたる大名達の手によって、それぞれの思惑《おもわく》を孕《はら》みながら活用されていく。そして江戸時代に日本儒学が形成され、民衆へと浸透することになる。

# 日本における儒教の歴史

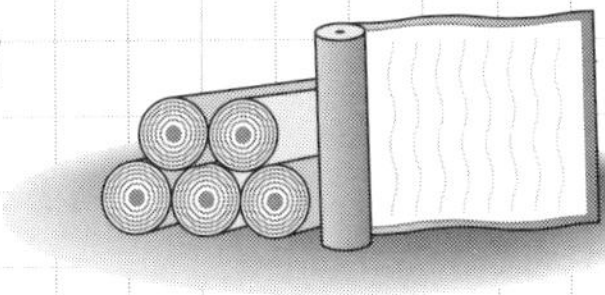

| 西暦 | 時代 | 出来事 |
|---|---|---|
| | 弥生 | ●239年<br>邪馬台国《やまたいこく》の卑弥呼《ひみこ》が魏《ぎ》に朝貢《ちようこう》 |
| | 弥生 | ●285年ないし405年<br>文字（漢字の伝来）<br>※朝鮮（百済）から王仁が渡来。『論語』や『千字文《せんじもん》』を伝える |
| | 大和 | ●538年ないし552年<br>日本への仏教の伝来<br>この頃五経博士が渡日し儒教を伝えたともいわれているが、年数などは不明。 |
| | 飛鳥 | 遣隋使（600〜618年） |
| 710 | 奈良 | 遣唐使（630〜894年） |
| 794 | 平安 | 支配階級を中心に、貴族や僧侶などが儒教を学ぶようになる。大学寮の必須科目には『論語』や『孝経《こうきよう》』などがあった。 |
| 1185 | 鎌倉 | ●朱子学《しゅしがく》が伝来する |
| 1333 | 南北朝・室町・戦国 | 武士の間で、儒学の他、兵法なども広く学ばれはじめる。 |
| 1573 | 安土桃山 | |
| 1603 | 江戸 | ●江戸幕府が朱子学を官学《かんがく》に定める<br>日本儒学の成立<br>詳細はP148-149参照。 |

王仁が渡来したという伝承は『古事記』などに残っているが、事実かどうかは定かではない。

この頃、易・暦・医博士も渡日している。

この頃、儒学を学ぶ僧などが多く現れ、禅儒合一（ぜんじゅごういつ）の動きが活発化。

**伝授**

日本における儒学は、時代にもまれながら少しずつ形を変え、浸透していった。

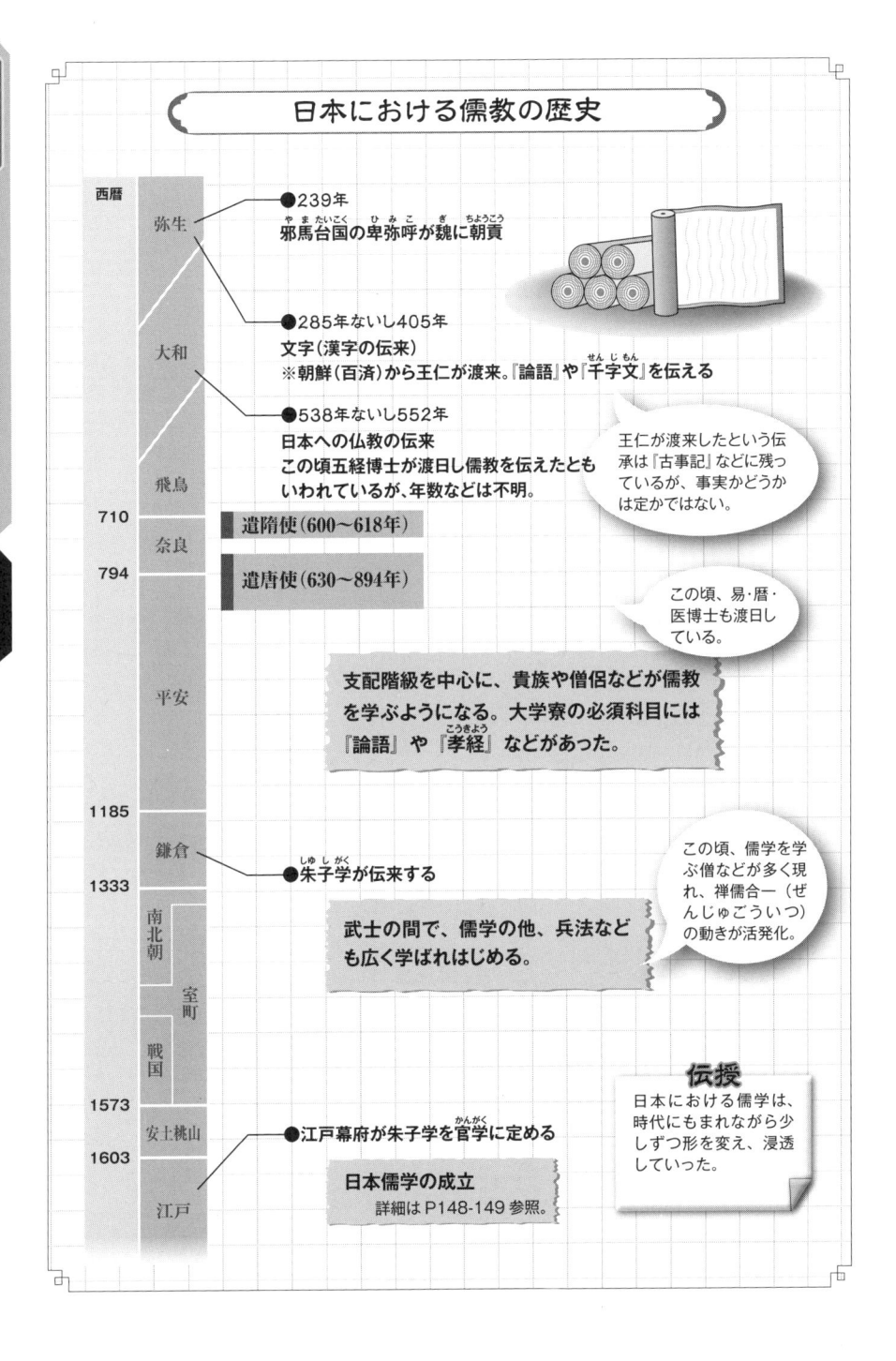

総3論

ケーススタディ　戦国編1～武田《たけだ》信玄《しんげん》～

# 「風林火山」は兵卒《へいそつ》への宣伝広告だった

「風林火山」の旗指物
疾如風徐如林侵掠如火不動如山
分かりやすいように『孫子』から抜粋している。
疾《はや》きこと風の如く、徐《しず》かなること林の如し、侵掠《しんりゃく》すること火の如く、動かざること山の如し
本来の『孫子』では……
故其疾如風、其徐如林、侵掠如火、難知如陰、不動如山、動如雷霆
「陰のように察知しがたく、雷鳴のように動く」ことも書かれている。
故《ゆえ》に其《そ》の疾きこと風の如く、其の徐かなること林の如く、侵掠すること火の如く、知りがたきこと陰《かげ》の如く、動かざること山の如く、動くこと雷霆《らいてい》の如し


## ■信玄の戦術は「風林火山」ではない

「風林火山」は、武田信玄の旗指物《はたさしもの》に書かれた言葉としてつとに有名だ。しかし少々誤解している人が多い。これは『孫子』の一文には違いないが、信玄の座右の銘でもなければ、兵法の理想像でもない。単に、**兵法を知らない兵卒達に動き方の基本を宣伝した、言わばコピーライティングのようなものだった。これが信玄による孫子活用術の真相であろう。**

したがって信玄は、杓子定規《しゃくしじょうぎ》に『孫子』に即した作戦など立てていないし、行動指針にもしていない。その場の状況に応じて臨機応変な戦術を実践していた。無論、結果的に『孫子』に通じる戦術を用いたことはあろうが、それはあくまで結果論。彼にとっては、『孫子』など言わずもがなの理屈であって、変幻自在に応用を利かせられる域に達していたのだ。

## 三方ヶ原の戦い

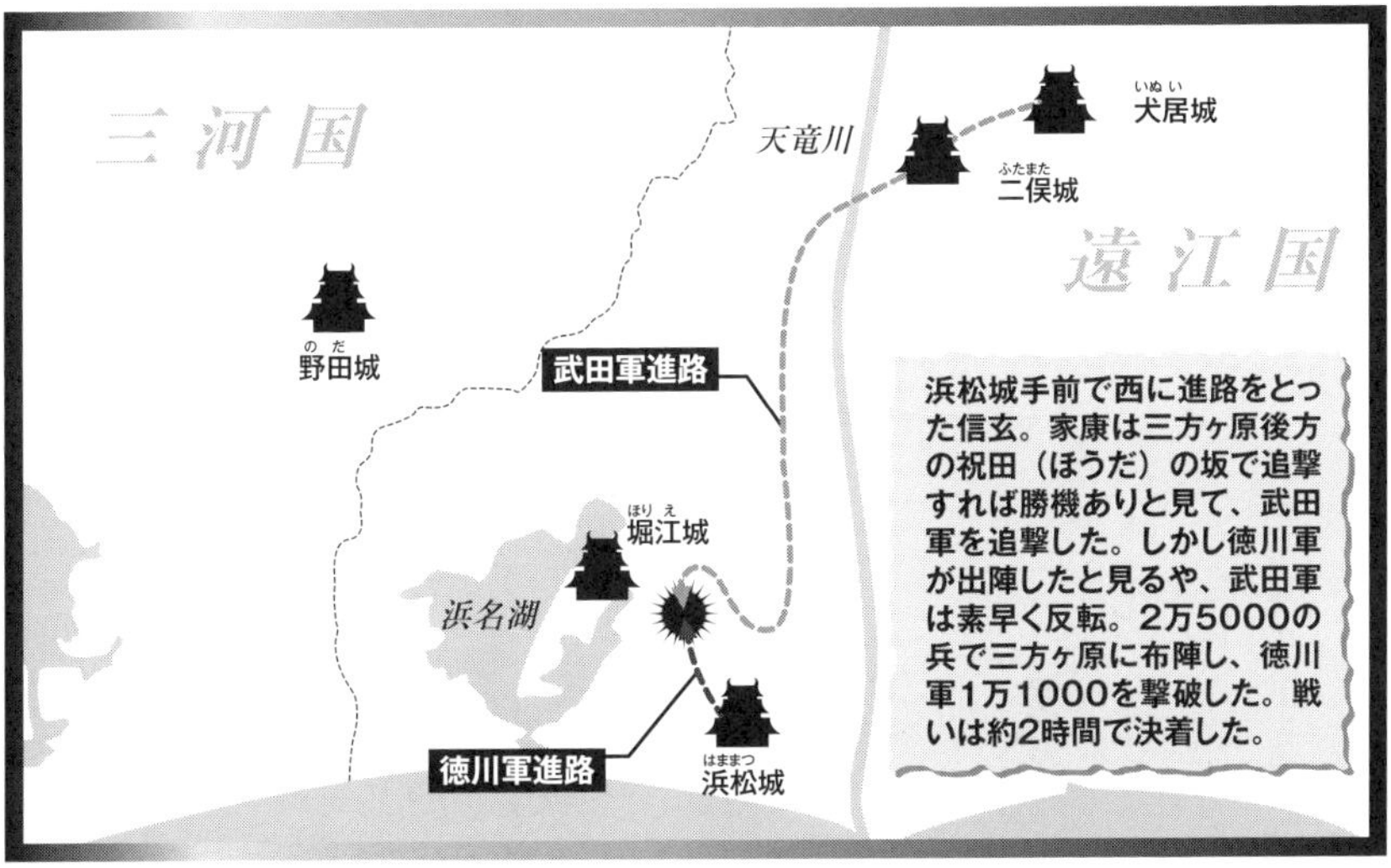
三河国
天竜川
犬居城《いぬい》
二俣城《ふたまた》
遠江国
野田城《のだ》
武田軍進路
堀江城《ほりえ》
浜名湖
徳川軍進路
浜松城《はままつ》
浜松城手前で西に進路をとった信玄。家康は三方ヶ原後方の祝田（ほうだ）の坂で追撃すれば勝機ありと見て、武田軍を追撃した。しかし徳川軍が出陣したと見るや、武田軍は素早く反転。2万5000の兵で三方ヶ原に布陣し、徳川軍1万1000を撃破した。戦いは約2時間で決着した。

## ■戦国ナンバーワンのインテリ

しかし、なぜそこまで『孫子』を血肉化できていたのか。それは幼い頃からの英才教育によるところが大きい。信玄の母は京の名家出身であり、息子の教育のために当時最高レベルの知識人を招聘《しょうへい》していたという。当然中国古典も学んでおり、『孫子』が学問としてよりも、部下への宣伝に適したツールであることに早くから気づいていたのかもしれない。戦国ナンバーワンのインテリだった信玄。その先見性には、なるほど「戦国の巨獣」と呼ぶにふさわしい才能が感じられる。

信玄の戦い方に眼を開けば、その臨機応変な戦いぶりが証明される。例えば三方ヶ原《みかたがはら》の戦いのときは、徳川家《とくがわいえ》康《やす》の短気な性格（若い頃の家康は短気で怒りっぽい性格だった）を読み切り、あえて城を素通りして徳川軍を三方ヶ原に誘い込んだ。戦いがはじまる前から勝負が決した状態だったという。無論『孫子』には、こんなケーススタディは書かれていない。

信玄だけでなく、当時の戦国大名の多くは『孫子』などの兵法書に親しんでいた。こうした風潮が、中国古典が普及する一因になったともいえよう。

総4論

ケーススタディ　戦国編2～織田《おだ》信長《のぶなが》～

# 『論語』から固定観念の逆転を読み取った

## ■信長の革新性はどこから来たのか

従来の常識を次々と破壊しながら数多のライバルを蹴散らし、日本の近世を切り開いた男・織田信長。その大胆不敵な生き方は、多くの人に雑駁《ざっぱく》で威圧的なイメージをもたらしがちだ。しかし、幼少期に禅僧・沢彦宗恩《たくげんそうおん》に中国古典を学び、殷《いん》の湯王《とうおう》、周《しゅう》の武王《ぶおう》などを範とした信長のバックボーンを含めて考えると、また違った信長像が見えてくる。

信長はその生涯を通じて、狂気と呼べるほど徹底的に固定観念を破壊し続けた。情報戦に重きを置いた勲功《くんこう》、兵農分離のアイデア、早期の鉄砲整備、鉄甲船《てっこうせん》建造など、その例は枚挙《まいきょ》にいとまがない。こうした思考の源流を考えると、やはり幼少期の教育、とりわけ儒教との邂逅《かいこう》に原因があるように思えてならない。

と言うのも、孔子の教えは道徳教育のみを謳《うた》ったものではない。孔子の時代背景を含めて俯瞰《ふかん》すれば、別の側面が見えてくる。つまり「発想転換」の重要性。**孔子は、善悪の基準を捨て、新たなモラルを再設定しようと試みた人物であった。信長はその先見性によって、常識を壊すことこそが新しい世の中を構築する手段だという真実に気づいたのではなかろうか。**そう考えれば、常識の破壊に重きを置いた彼のやり方にも合点がいく。

しかし、信長の周りにそれを理解できた人材がどれほどいただろうか。事実、明智光秀《あけちみつひで》を本能寺《ほんのうじ》の変へと導いた動機は、比叡山《ひえいざん》焼き討ちなどによる既得権の否定や、信長の自己神格化が関与しているように思える。しかし、信長は神になろうとしていたわけではない。神という「装置」を用いて世を治めようと試みたに過ぎない。これもまた、元を辿れば孔子の思想の源流へ行き着く。儒教は元来、宗教であったのだから。

## 信長の固定観念破壊の事例

### 1560年　桶狭間《おけはざま》の戦い

「海道一の弓取り」といわれた今川義元《いまがわよしもと》を討つ。本来、敵の大将の首を取った者を勲功第一にするのが従来の習わしであったが、今川軍本陣の位置を特定した者を勲功第一にした。

### 1568年　楽市楽座《らくいちらくざ》の開始

この頃、自領での楽市楽座を認める。

### 1568年　信長上洛

足利義昭《あしかがよしあき》を奉戴《ほうたい》し京に上洛すると、三好《みよし》三人衆・松永久秀《まつながひさひで》らを従え、義昭を第15代将軍に据える。しかし官位や地位の譲渡を断り、早々に岐阜へ帰国。

### 1569年　六条合戦《ろくじようがつせん》

三好三人衆と松永久秀が共謀し、足利義昭の御所を攻撃。しかし信長は、岐阜からわずか2日で援軍に駆けつけるという離れ業を見せ、鎮圧に成功。

### 1571年　比叡山焼き討ち

浅井長政《あざいながまさ》・朝倉義景《あさくらよしかげ》に味方した延暦寺《えんりやくじ》を包囲。再三の中立勧告を出した後、焼き討ちを行う。宗教勢力に対してこうした大がかりな攻撃を敢行したのは世界でも稀《まれ》。

### 1575年　長篠《ながしの》の戦い

設楽ヶ原《したらがはら》において、武田勝頼《たけだかつより》を破る。約3000挺の鉄砲を用い、近代戦の有り様を内外に見せつけた。

### 1576年　方面軍の編成

この頃から、部下の武将達に大名級の所領を与え、自由度の高い統治を認めながら周辺国の攻略に当たらせるという方法を採用。

### 1578年　第二次木津川口《きづかわぐち》の戦い

鉄甲船という大砲を積んだ大型船を建造し、石山本願寺《いしやまほんがんじ》への援軍に駆けつけた毛利《もうり》水軍を撃破。これにより石山本願寺は孤立を強いられる。

### 1579年　安土《あづち》城完成

天下布武《てんかふぶ》の象徴として築城。天守閣を「天主《てんしゆ》」と呼ぶなど、信長が神を「装置」として活用しようとした節が見られる。

### 1582年　本能寺の変

総5論

ケーススタディ　戦国編3～豊臣秀吉《とよとみひでよし》～

# 政治にも兵法を応用するセンスのよさ

## ■「二《に》兵衛《ひょうえ》」に兵法を教わった

秀吉の戦歴をなぞると、その戦術の多くに『孫子』や『兵法三十六計』が見え隠れする。彼ほど中国古典の兵法を駆使した大将も珍しい。しかし秀吉には、兵法を学んだという痕跡が不思議なほど見当たらない。おそらく秀吉幕下の軍師として活躍した、竹中半兵衛《たけなかはんべえ》や黒田《くろだ》官兵衛《かんべえ》の入れ知恵によって戦術を立てていたのであろう。この「二兵衛」は幼い頃から中国古典を乱読し、戦国随一の兵法通であったというから、「人たらし」で知られる秀吉のこと、二人に兵法の極意を聞くうちに即座に奥義を悟ったのかもしれない。そのあたりのセンスのよさには感服させられる。

　ちなみに天下人というのは通常、一度は命からがらの負け戦があるものだが、秀吉は二回ほど引き分けがあるのみで、一度も敗戦を喫していない。人使いの上手さや外交上手な側面に気を取られがちだが、戦上手であったことも忘れてはならない。

## ■政治にも兵法を用いる

天下統一を果たした後、秀吉は兵法の極意を政治に転用する。例えば**大坂城築城の際、秀吉は付近の住民を大移動させ、最初に引っ越しをした者に金を与えるなどの手当をつけた。人々は先を競って移動をはじめたという。**さしずめ『孫子』にある「利《り》を以《もっ》てこれを動かし、詐《さ》を以てこれを待つ（利益で誘い出し、裏をかいて待つ）」といったところか。人間の欲に目を付けて人々を操ることにかけては、秀吉の右に出る者はいるまい。しかしこうしたやり口は、あくまで人の下にあって成立するものではなかろうか。人の上に立つ者には、どうあっても非情さが要求される。それを学んだ徳川家康が、やがて戦国の世に終止符を打つことになる。

## 備中高松城《びつちゆうたかまつ》の水攻め

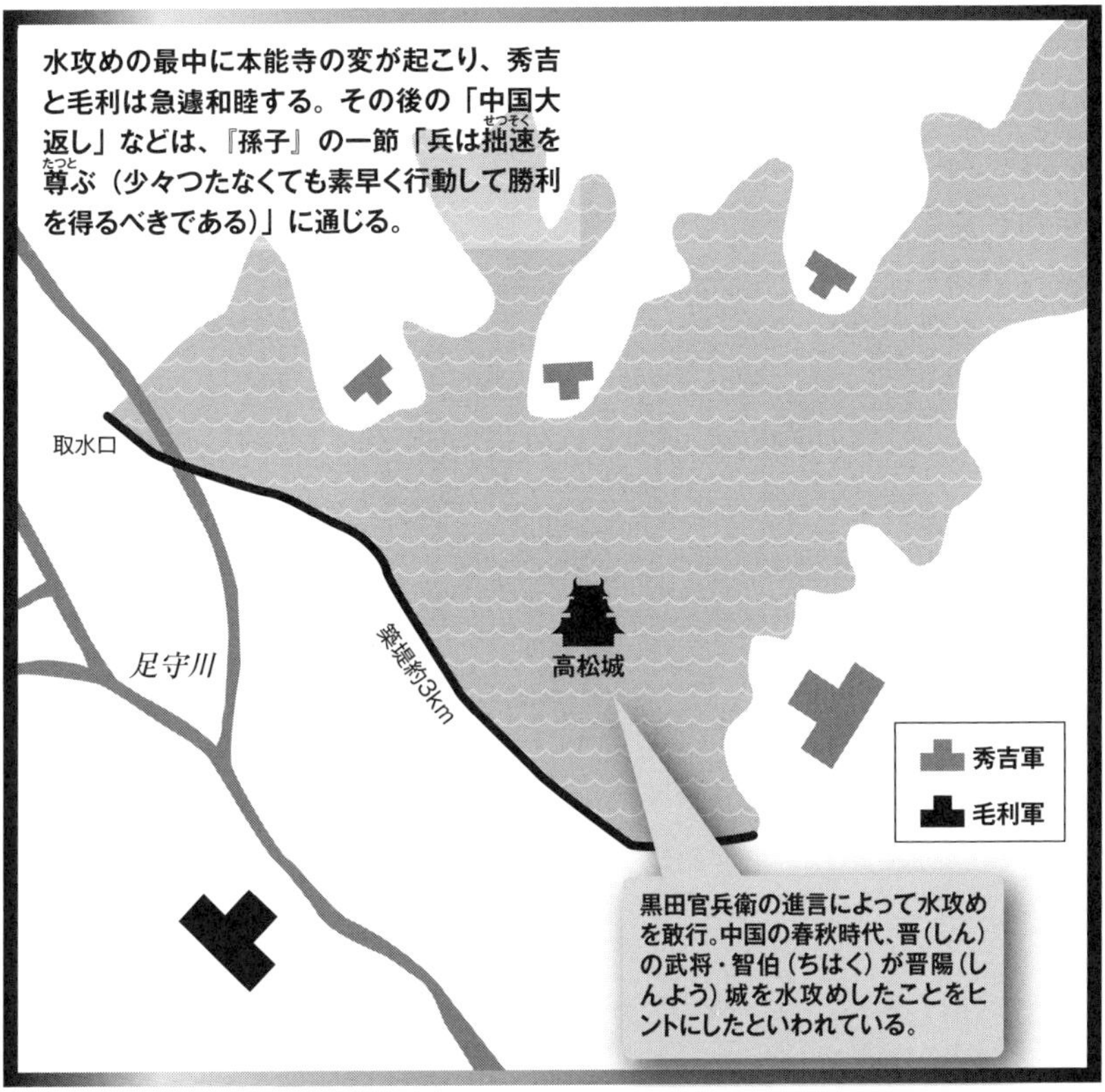
水攻めの最中に本能寺の変が起こり、秀吉と毛利は急遽和睦する。その後の「中国大返し」などは、『孫子』の一節「兵は拙速《せつそく》を尊《たつと》ぶ（少々つたなくても素早く行動して勝利を得るべきである）」に通じる。
取水口
足守川
築堤約3km
高松城
秀吉軍
毛利軍
黒田官兵衛の進言によって水攻めを敢行。中国の春秋時代、晋（しん）の武将・智伯（ちはく）が晋陽（しんよう）城を水攻めしたことをヒントにしたといわれている。

Column

### 北条早雲《ほうじようそううん》と中国古典

戦国大名の先駆けである北条早雲もまた、中国古典を上手く活用した人物として知られている。諸説あるが、身分の低い素浪人から身を興したという通説をとれば、秀吉と立場が似ているともいえよう。

早雲にはこんな逸話がある。『三略《さんりやく》』の「主《しゆ》将《しよう》の法《ほう》は、務《つと》めて英雄の心をとる（将たる者は、中心となる将兵の心を掌握する）」という一節を聞いただけで兵法の極意を悟り、それ以上本の内容を聞こうとしなかったという。大人物ならではの勘の良さがうかがえる。

血肉化された中国古典の知識は、５代にわたり続いた後《ご》北条《ほうじよう》家の領国経営に活かされたに違いない。

総6論

日本儒学の成立

# 江戸時代の朱子《しゅし》学《がく》と幕末・維新への流れ

## 朱子学の体系

世界観（現実の生活）に対する答えが乏しいとされてきた儒教に、世界観を構築したのが朱子学。南宋《なんそう》の朱熹《しゅき》という人物が祖。儒教の基礎・修己治人に根ざしながら、どう生きるべきかの枠組みを示した。

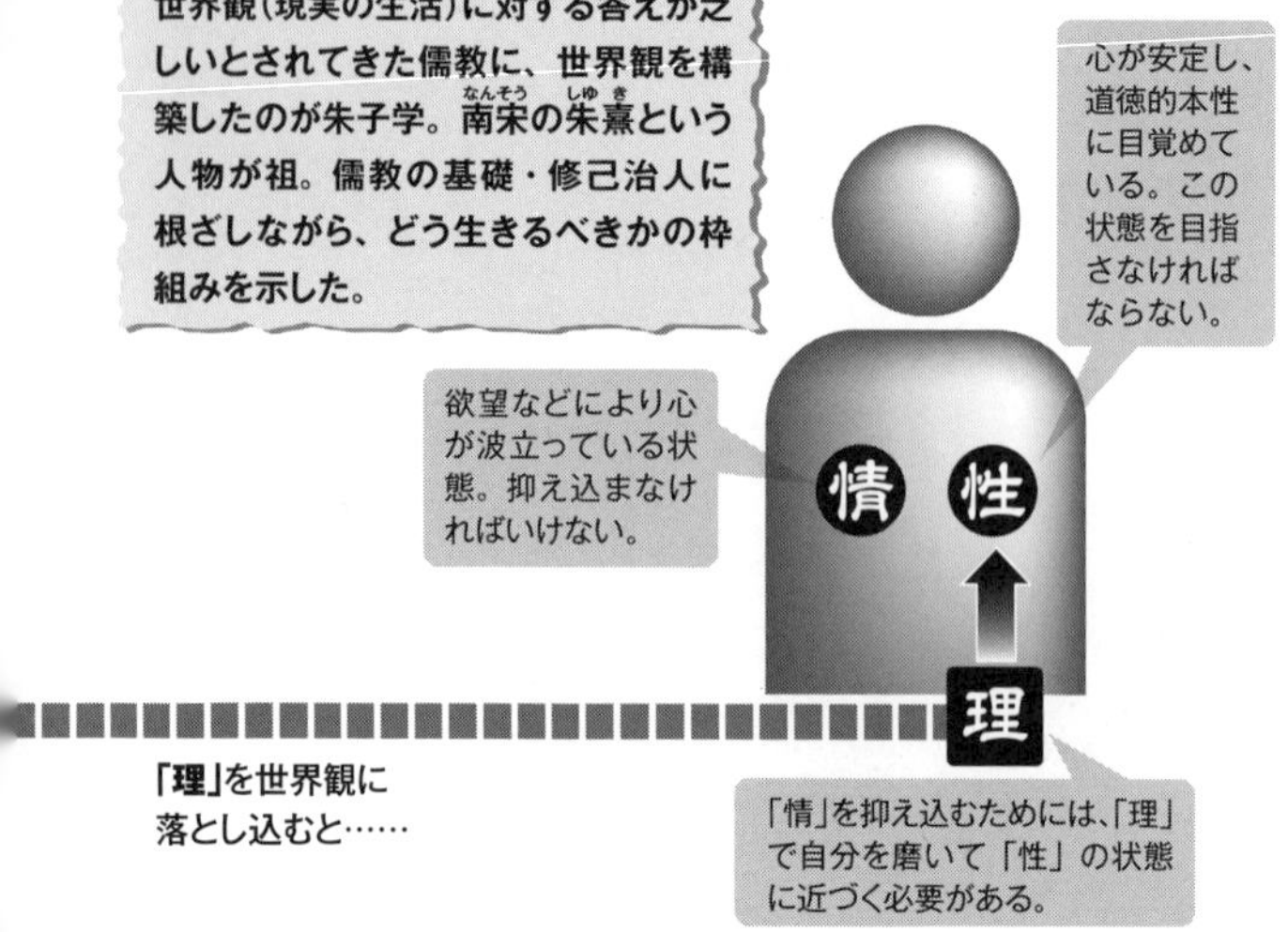

心が安定し、道徳的本性に目覚めている。この状態を目指さなければならない。
欲望などにより心が波立っている状態。抑え込まなければいけない。
情
性
理
「理」を世界観に落とし込むと……
「情」を抑え込むためには、「理」で自分を磨いて「性」の状態に近づく必要がある。


### 儒学と朱子学の関係

戦国時代に『孫子』などの兵法書が広く普及したのに対し、江戸時代は『論語』などの儒学が浸透した時代であった。しかし、孔子の教えがそのまま広まったというわけではない。徳川幕府が治世を堅固なものにするため、儒学を利用したという見方が正しかろう。

幕府は儒学の中でも、とりわけ忠誠心や主従関係に重きを置いた朱子学に目を付け、これを官学《かんがく》に定めた。以後、日本の学問の中心は朱子学となり、全国で広く学ばれるようになっていく。

朱子学とは、簡潔にいえば、目上の人を尊敬して敬虔《けいけん》な気持ちになることで「修己治《しゅうこち》人《じん》（自分を修めて世の中を正しく治めること）」を実現するもの。しかしこの学問、封建支配には非常に都合の良いものだったが、突き詰めたところは幕府（将軍）への忠誠ではなく、天皇家への

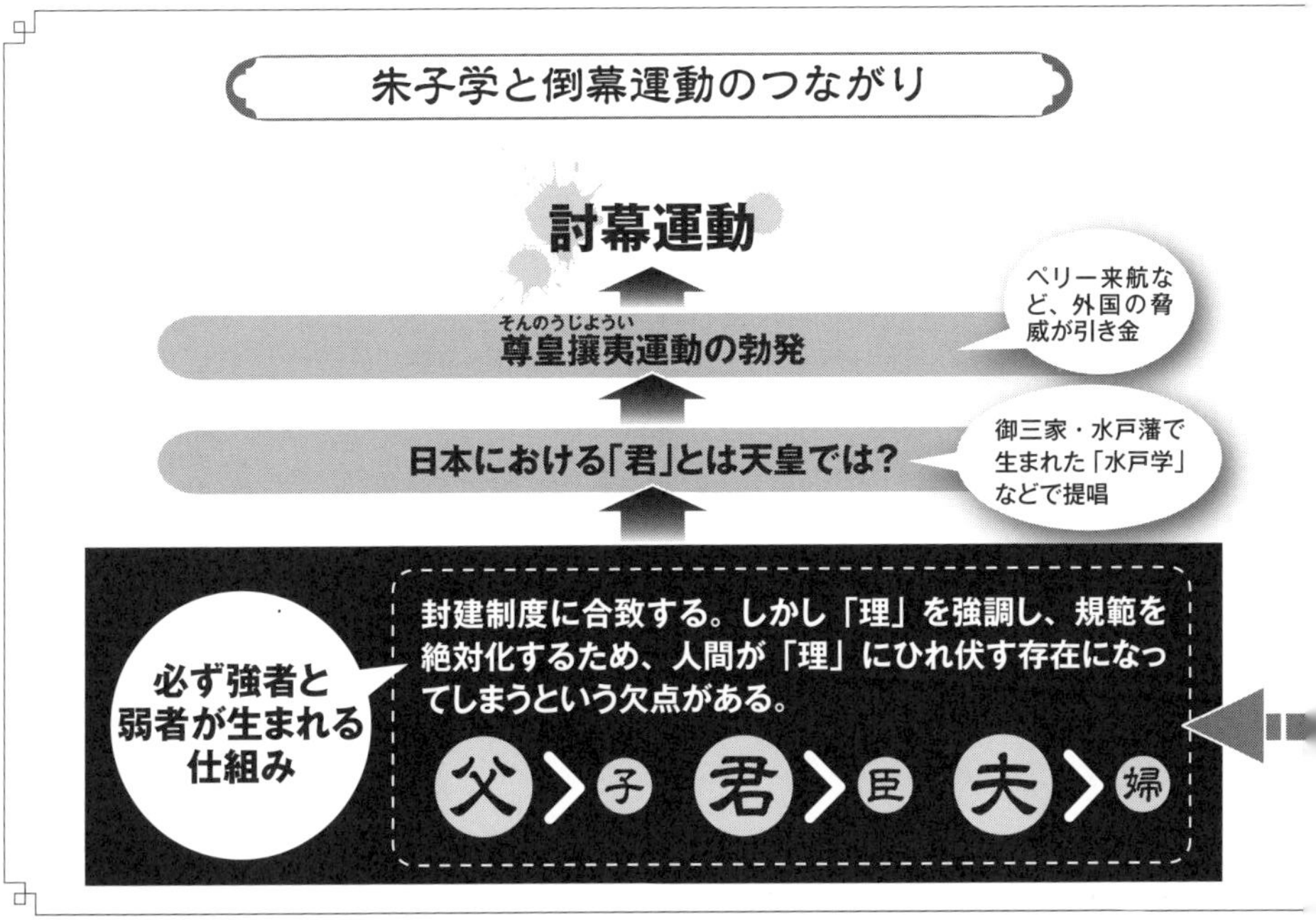
朱子学と倒幕運動のつながり
討幕運動
尊皇攘夷《そんのうじょうい》運動の勃発
ペリー来航など、外国の脅威が引き金
日本における「君」とは天皇では？
御三家・水戸藩で生まれた「水戸学」などで提唱
封建制度に合致する。しかし「理」を強調し、規範を絶対化するため、人間が「理」にひれ伏す存在になってしまうという欠点がある。
必ず強者と弱者が生まれる仕組み
父＞子
君＞臣
夫＞婦

忠誠を是《ぜ》とするものであった。この奇妙なズレが原因となって幕末の尊皇攘夷《そんのうじょうい》運動が起こり、やがて倒幕運動へと発展していく。政治と学問（あるいは宗教）が結びついた場合、往々にして功罪それぞれの結果が生み出されるものだ。

## ■儒教がもたらした泰平

島原《しまばら》の乱から戊辰《ぼしん》戦争に至るまでの約二百三十年、日本には大きな戦争がほとんど起こらなかった。これは世界史上でも稀《まれ》な事例であり、儒教による戦争否定の思想が影響していたことの証明ともいえる。

また、儒教による学問重視の傾向は全国に浸透し、約二百十九にも及ぶ藩校、千以上の私塾、一万以上の寺子屋などが開かれた。当時の日本の識字率《しきじりつ》は世界でもトップクラスだったという。そして、藩校や私塾、寺子屋などで教材となったのは、『論語』をはじめとする儒学系の書物の数々だった。

**海を渡った中国古典と日本人のメンタリティが融合した時代、それが江戸時代ともいえる。**日本人の勤勉さの原点は、この時代にあったのかもしれない。

総7論

ケーススタディ　幕末編1～高杉晋作《たかすぎしんさく》～

# 反骨精神から生まれた「奇」の発想

## ■抑えつけると反発する

長州《ちょうしゅう》藩における討幕派の中心人物であり、我が国最初の近代的軍事組織「奇兵隊《きへいたい》」を創設した高杉晋作。幕末期に活躍した志士の多くが下級武士であるのに対し、彼は二百石取り馬廻役《うままわりやく》という上流武士の家に生まれている。当時の教育は家格に応じていたというから、晋作が受けたそれはかなり高水準だったらしい。無論、『論語』や『孫子』などは必須科目だったに違いない。加えて吉田《よしだ》松陰《しょういん》との出会いもあった。藩の秀才達が競って学んだ松《しょう》下村塾《かそんじゅく》での日々は、若き日の晋作に進歩的な思想と視野をもたらしたことだろう。

学問や思想に囲まれた生活は、徐々に晋作を晋作たらしめていくことになる。生来頭の回転が速く、破天荒かつ剛胆だった彼は、**朱子《しゅし》学《がく》に守られた固定観念が偽物であることに気づき、あるいは吉田松陰の純粋無垢な正論にかえって逸脱を思い描き、自らを「奇」へと傾倒させていく**。将軍に向かって「いよっ！　征夷大将軍！」と茶化《ちゃか》したり、上海行きの船を待つ間に芸者を身請けしながら、乗船費用が足りなくなって件《くだん》の芸者を売り戻したり、自らを「奇」に染めていったエピソードは枚挙《まいきょ》にいとまがない。

こうして青年期を振り返ると、後に創設した軍事組織を奇兵隊と命名したことが、彼特有の反骨心の表れに思えてくる。

また、「奇兵隊結成綱領《きへいたいけっせいこうりょう》」に、『孫子』から引用した言葉が並んでいるのは、孫子びいきの師・吉田松陰へのオマージュといったところだろうか。

いずれにしろ、幕末の動乱は思想の反発力によってもたらされた点を見逃してはならない。朱子学の矛盾が表面化したことで、時代は沸点に達した。晋作はその代表例ではなかろうか。

## 奇兵隊結成綱領

兵には正奇《せいき》があり、戦には虚実《きょじつ》がある。その形勢を知る者が勝者となる。正兵《せいへい》は正々堂々多数の兵力で戦うもので、総奉行の統率する八組の大組士以下の藩の正規軍である。いま、われわれが編成しようとする軍は、少ない兵力で敵の虚を突き、神出鬼没、敵をなやまし、常に奇道《きどう》をもって勝を制するのが目的である。したがって奇兵隊と命名する。

※『高杉晋作と奇兵隊』（東行庵／1989）より

### 人物評

動けば雷電《らいでん》の如く、発すれば風雨《ふうう》の如し。衆目駭然《しゅうもくがいぜん》として敢《あ》えて正視《せいし》するものなし、これ我が東行《とうぎょう》高杉君に非《あら》ずや。

**伊藤博文《いとうひろぶみ》**

胆略《たんりやく》有り、兵に臨《のぞ》みて惑わず、機を見て動き、奇をもって人に勝つ者は高杉東行（晋作）。これまた洛西《らくさい》の一奇才。

**中岡慎太郎《なかおかしんたろう》**

### Column

## 山県有朋《やまがたありとも》と「狂《きょう》」

「中行《ちゅうこう》を得てこれに与《くみ》せずんば、必ずや狂狷《きょうけん》か。狂者《きょうしゃ》は進みて取り、狷者《けんしゃ》は為《な》さざる所あり」

これは『論語』にある一句である。狂者とは積極的な人間を指し、狷者とは意地っ張りな人間を指す。幕末の長州藩には、この「狂」を名乗った人物が二人いる。一人は西海一狂《さいかいいちきょう》生《せい》と号した高杉晋作。もう一人は山県狂介《やまがたきょうすけ》と名乗った山県有朋。しかしこの二人、生まれも育ちも全く違う。有朋は下級武士で、書物などほとんど読んだことのない無学の人であった。ただ吉田松陰が「狂」のエネルギーが時代を動かすと教えていたことに触発され、狂介と名乗ったのではなかろうか。

特に際立った才気もなかった有朋だが、生涯を通じて行動力だけは抜きん出ていた。明治に入り維新の元勲《げんくん》となれたのは、「狂」の精神のお陰かもしれない。

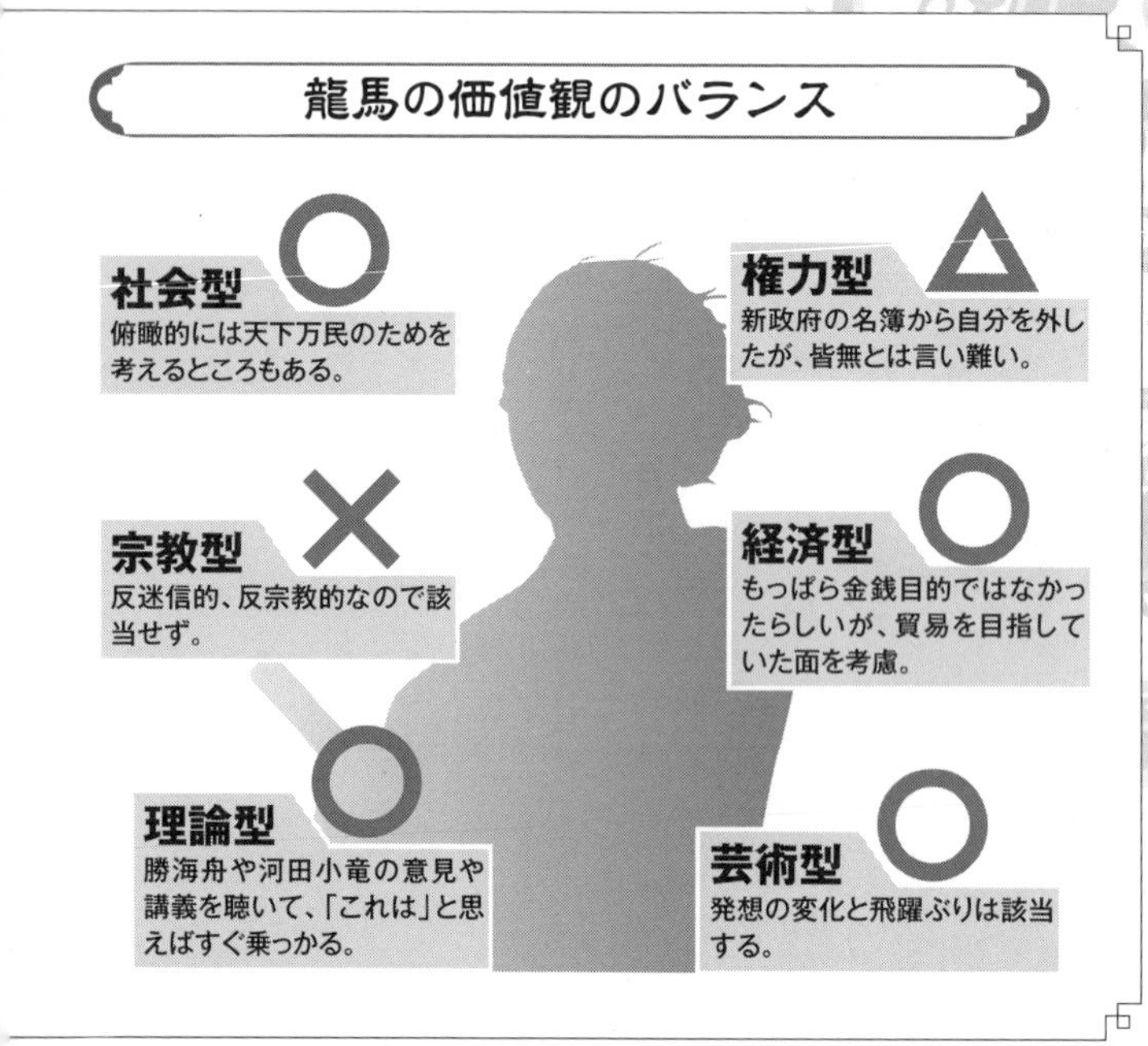
龍馬の価値観のバランス
社会型 ○
俯瞰的には天下万民のためを考えるところもある。
権力型 △
新政府の名簿から自分を外したが、皆無とは言い難い。
宗教型 ×
反迷信的、反宗教的なので該当せず。
経済型 ○
もっぱら金銭目的ではなかったらしいが、貿易を目指していた面を考慮。
理論型 ○
勝海舟や河田小竜の意見や講義を聴いて、「これは」と思えばすぐ乗っかる。
芸術型 ○
発想の変化と飛躍ぶりは該当する。

総8論

ケーススタディ　幕末編2～坂本龍馬《さかもとりょうま》～

# 孔子の精神に通じる自由な視座《しざ》

## ■誰にでも好かれる男

坂本龍馬ほど人を惹きつける人物も珍しい。二十七歳で土佐藩を脱藩するや、幕末四賢侯《しけんこう》の一人　松平春嶽《まつだいらしゅんがく》をはじめ、勝海舟《かつかいしゅう》や大久保一翁《おおくぼいちおう》など、佐幕《さばく》派のビッグネームに次々と面会を果たしている。さらには薩摩の西郷隆盛《さいごうたかもり》、長州の桂小五郎《かつらこごろう》、高杉晋作《たかすぎしんさく》などとも接し、後の薩長同盟につながる人脈をも形成している。脱藩浪士がなせる業《わざ》ではない。奇跡といってよい。

なぜ龍馬はこれほど幅広い人脈を形成できたのだろうか。それは行為よりもむしろ、言動や行動指針に要因があるように思えてならない。すなわち、次の時代を見据えた先見性と自由な発想。「日本を今一度せんたくいたし申《もうし》候《そうろう》」とはよく言ったものだ。藩の枠組みや封建支配の上下関係を易々《やすやす》と乗り越えてしまう視座が、龍馬には備わっていた。

## 「いろは丸沈没事件」に見る龍馬の交渉術

**備後国《びんごのくに》鞆《とも》の浦《うら》で海援隊のいろは丸（四国大洲《おおず》藩からの借船）と紀州藩の明光丸《めいこうまる》が衝突。いろは丸は沈没。**

1 明光丸の航海日誌を押さえ、紀州藩を交渉の場につかせる。

紀州藩は徳川御三家。相手にされない可能性もあった

2 「今海上ニ蹤跡《しょうせき》ナシ（海上に跡は残っていない）」と言い、国際法「万国公法《ばんこくこうほう》」を持ち出す。

真偽のほどは不明だが、新式鉄砲、金塊など計8万3000両の積荷があったと主張

3 紀州藩が国内ルールでの解決を図ろうと、長崎奉行所での裁きに持ち込む。

長崎で「船を沈めた紀州藩は賠償金を払え」という俗謡を流行らせる

4 土佐藩参政《さんせい》・後藤象二郎《ごとうしょうじろう》を呼び、土佐藩VS紀州藩の構図に仕立てる。

土佐藩と長州藩が結託して、紀州藩と戦争するらしいという噂を流す

**紀州藩が8万3000両を賠償！**

**伝授**

「いろは丸沈没事件」では我が国最初の海難裁判が行われた。龍馬達の捨て身の交渉によって、浪人集団である海援隊が徳川御三家に全面勝利を収めた。なお、近年行われた海底調査では、龍馬が主張した新式鉄砲などの積荷は発見されていない。

ちなみに、幕末に偉業をなし得た人物の中で、龍馬ほど勉強をしなかった者はいない。私塾に通いはしたものの、講義はほとんど上の空。にもかかわらず、河田小竜《かわだしょうりょう》の講義を受けたときなどは誤謬《ごびゅう》を指摘し、小竜を驚かせたりもした。理論の「骨」を素早く見抜く勘のよさがあったらしい。こうしたセンスは教わって身につくものではない。おそらく商人生まれの武士という特異な環境が、武士と商人双方の視座をもたらし、幅広い価値観を形成させたのであろう。人の価値観は六つの要素で構成されているというが、龍馬の足跡を辿ってみると、経済、権力、社会、理論、芸術、宗教のうち宗教以外はバランス良く備えている。天才的な人脈形成術の一端はこのあたりにあるのかもしれない。

また、『論語』の中に、「七十にして心の欲する所に従って矩《のり》をこえず（七十歳になって思うまま振る舞っても道を外れなくなった）」という一句がある。龍馬は生涯、出会ったほとんどの人物に好かれたという。「矩をこえない」のだ。わずか三十歳前後で孔子の理想に肉迫していたとすれば、**「学ぶ」とは目先の文字面を追うことではなく、大枠を捉えることにあるといえよう。**

総9論 資本主義と中国古典

# 明治時代以降の『論語』の変化

## ■商売と『論語』

明治維新を経て、近代国家への道を歩みはじめた日本。それは資本主義発達の歴史ともいえよう。明治政府は西洋列強に追いつくため富国強兵《ふこくきょうへい》や脱亜入欧《だつあにゅうおう》を掲げ、遮二《しゃに》無二《むに》西洋文明を吸収する政策をとった。社会制度の整備も進められ、結果として三菱や三井などの民間企業が誕生するに至った。これほど早く資本主義の芽を表出させた国は他にはあるまい。

しかし、脱亜入欧は思想面にも大きな影響を及ぼすことになる。福沢諭吉《ふくざわゆきち》の「脱亜論《だつあろん》」を筆頭に、儒教を廃して西洋思想を吸収する動きが活発化し、日本における中国古典の影響は急速に薄まっていったのだ。

ターニングポイントとなったのは、日本資本主義の父と称される渋沢栄一《しぶさわえいいち》であろう。彼はモラルと利益追求のバランスよい融合を求め、ビジネスに『論語』を持ち込んだ。有名な「右手に算盤《そろばん》、左手に論語」の言葉は、こうした姿勢から生まれたものだ。五百以上の企業設立にかかわった渋沢の影響もあり、『論語』は精神的バックボーンとして一定の地位を確立することになる。個人の意見としては、義と利の両立には疑問符を付けざるを得ないが、商売に品位をもたらした彼の功績は大きいといえる。

また、政財界に『論語』を広めた立役者として忘れてはならないのが安岡正篤《やすおかまさひろ》であろう。近衛文麿《このえふみまろ》など、気鋭の政治家達に『論語』から抽出した指導者の心得を教示し、「指導者の師」と称された人物だ。なぜ在野の教育者がこれほど世間から瞠目《どうもく》されていたのかは謎だ。しかし、資本主義や西洋思想を消化しきれないままひた走ってきた日本人が、心の寄る辺を探していたとすれば合点がいく。**さまざまなしがらみの辻褄が合う思想、それが『論語』にはあったのであろう。**

# 明治以降の『論語』と儒教

## 1883年 鹿鳴館《ろくめいかん》が落成

本格的な欧化政策の開始。

## 1885年 「時事新報《じじしんぽう》」の紙面に、福沢諭吉の「脱亜論」が掲載される

「我は心において亜細亜《アジア》東方の悪友を謝絶するものなり」と過激な言葉で朝鮮・中国との国交断絶を説いた。

## 1890年 教育勅語の発布

道徳教育の根本的規範。天皇側近の儒学者・元田永孚《もとだながざね》らの尽力で、忠孝思想が取り入れられた。

## 1894年 日清戦争が勃発

資本主義の加速は、日清・日露戦争が下支えしていた面も見逃せない。

## 1916年 渋沢栄一、『論語と算盤』を発表

『論語』の仁義道徳がなければ、その富は永続しないと説いた。

## 1937年 日中戦争が勃発

その後、太平洋戦争に突入した。

## 1945年 ポツダム宣言受諾

終戦の玉音《ぎょくおん》放送は安岡正篤によって推敲された。

論語の影響力

**敗戦後、『論語』などの儒学的思想はGHQによって前近代的な思想であると批判され、影響力は薄まっていった。**

総10論

ビジネスに役立つ中国古典

# 現代における中国古典の読み方

## ■日本は「実験国家」

前述してきたとおり、日本は中国古典を咀嚼《そしゃく》し、日本流に発展させながら上手く活用してきた。例えば、戦国時代には『孫子』を人心掌握の「装置」として用いたし、江戸時代には『論語』と朱子《しゅし》学《がく》を融合させ「日本の儒学」という新しい学問を確立させた。明治時代になると資本主義の根底に儒教的思想を据え、道徳経済合一説《どうとくけいざいごういつせつ》（渋沢栄一が提唱）なる離れ業《わざ》まで登場した。そのいずれもが国家レベルで浸透しているところを見ると、日本は壮大な実験国家とも呼べるのかもしれない。

## ■言葉の裏側に本質がある

こうした各時代の推移を踏まえた上で再び中国古典に目を移したとき、我々はその読み方に充分注意を払う必要があることに気づかされる。つまり、文字だけを追ってもその内容を理解したことにはならない。その裏側にある物語（あるいは歴史）を読み取ってこそ、ようやく『論語』なら『論語』の本質が見えてくるのではなかろうか。

近年、ビジネスの世界においても中国古典の有用性が話題になっている。その先駆けになったのが、経団連会長を務めた土《ど》光敏夫《こうとしお》であり、現在のパナソニックを一代で築き上げた松下幸之《まつしたこうの》助《すけ》であろう。彼らのような成功者が読んでいた書物や旨とした言葉を目にすれば、つい素直に受け入れようと考えがちだ。

しかし、あえて極端な言い方をしよう。**成功者の言葉は毒薬に近い。一度疑ってから冷静に俯《ふ》瞰《かん》しなければ、言葉は血肉化されることなく朽ちてしまう。そういう意味では、中国古典の読み方のコツは、「疑うこと」にあるのかもしれない。**

## 昭和の名経営者の言葉

**土光敏夫**

何が何でもやりぬく強烈な意思の力によって群がる障害に耐え、乗り越える過程で、真の人間形成が行われる。（中略）そして艱難《かんなん》を自ら課し続ける人間のみが、不断の人間的成長を遂げる。我に百難を与えたまえ。

文藝春秋刊『清貧と復興　土光敏夫100の言葉』より

「艱難汝《なんじ》を玉《たま》にす」という一句を血肉化した言葉。「土光タービン」とあだ名されるだけあって、仕事に対する執念を感じさせる。

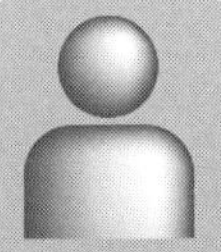

**松下幸之助**

きみ、「光秀」になるなよ。上のものの欠点にこだわって反抗したのでは、正しくても大成しない。（中略）「秀吉」のように、よいところを見て対処しなさい。

PHP研究所刊『感動の経営ちょっといい話』より

松下幸之助が、上司に不満を持つ社員にかけた言葉。『論語』の「故《ふる》きを温《たず》ねて新しきを知る。以《もつ》て師と為《な》るべし」の一句に通じる。

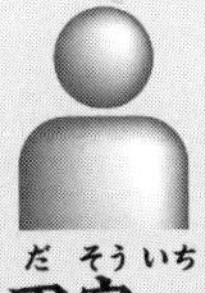

**本《ほん》田《だ》宗《そう》一《いち》郎《ろう》**

一尺のものさしで右から五寸、左から五寸のところが真ん中だというけれども、それはうそだ、まん中というものは、片方から四寸、片方から四寸いって、二寸の間を置いたところがまん中だ。そうしないと話し合いはできない。仲裁に入ることもできない。五寸、五寸でいくと衝突しちゃって、余裕がなくなってしまう。

新潮社刊『俺の考え』より

『論語』の「中庸《ちゅうよう》の徳たるや、其れ至れるかな。民鮮《すく》なきこと久し（中庸の徳は素晴らしい。しかしこれが民間で廃れてしまってからすでに久しい）」の一句に通じる。中庸の思想を端的に表しているといえよう。

# 賢人の教えから学んだこと

ここまで読んで、思ったこと、考えたこと、ひらめいたことなど、何でも書き込んでみましょう。

# 参考文献

## 序章　中国史に学ぶ英雄達のスケール

『読み忘れ三国志』荒俣宏著(小学館)
『中国古典で知る「できる人」の成功法則』守屋洋著(成美文庫)
『中国英雄列伝を漢文で読んでみる』幸重敬郎著(ベレ出版)

## 第1章　論語に学ぶ人生学

『ビジネスに活かす「論語」』北尾吉孝著(致知出版社)
『何のために働くのか』北尾吉孝著(致知出版社)
『仕事の迷いにはすべて「論語」が答えてくれる』北尾吉孝著(朝日新書)

## 第2章　孫子に学ぶビジネス戦術

『今日から即使える孫子の兵法』中野明著(朝日新聞出版)

## 第3章　三国志に学ぶ処世術

『「三国志」乱世の人物学』守屋洋著(PHP研究所)
『「三国志」勝利の絶対法則』守屋洋著(成美文庫)

## 終章　中国古典の正しい読み方

『千思万考　歴史で遊ぶ39のメッセージ』黒鉄ヒロシ著(幻冬舎)
『名経営者を救った 中国古典の名言200』守屋淳著(日経BP社)
『人生に・経営に・思索に活かす論語』守屋淳著(日本実業出版社)
『クロニック戦国全史』(講談社)
『幕末維新人物総覧』(秋田書店)

〈プロフィール〉

**荒俣宏**（あらまた ひろし）

1947年生まれ。システムエンジニアとして10年間のサラリーマン生活を送るかたわら、雑誌「幻想と怪奇」を編集。独立後、英米幻想文学の翻訳・評論をはじめ、小説、博物学、神秘学などジャンルを超えた執筆活動を続け、その著書・訳書は300冊に及ぶ。主な著書は『帝都物語』（角川文庫）、『世界大博物図鑑』（平凡社）、『アラマタ大事典』（講談社）、『読み忘れ三国志』（小学館）など。

**北尾吉孝**（きたお よしたか）

1951年生まれ。慶應義塾大学経済学部卒業後、野村證券入社。78年、英国ケンブリッジ大学経済学部卒業。92年、野村證券事業法人三部長。95年、孫正義氏の招聘によりソフトバンク入社、常務取締役に就任。現在、SBIホールディングス代表取締役執行役員社長。主な著書は『仕事の迷いにはすべて「論語」が答えてくれる』（朝日新書）、『何のために働くのか』（致知出版社）など多数。

**中野明**（なかの あきら）

1962年生まれ。関西学院大学、同志社大学の非常勤講師を歴任。経済経営やマーケティングに造詣が深く、大学で情報通信の講義を行うかたわら、研究を続けている。主な著書は『岩崎弥太郎「三菱」の企業論』、『今日から即使える孫子の兵法』（ともに朝日新聞出版）、『腕木通信―ナポレオンが見たインターネットの夜明け―』（朝日新聞社）、『裸はいつから恥ずかしくなったか』（新潮社）など多数。

**守屋洋**（もりや ひろし）

1932年生まれ。東京都立大学大学院中国文学科修士課程修了。現在、中国文学者として著述や講演などで活躍中。主な著書は『右手に「論語」左手に「韓非子」』（角川マガジンズ）、『中国古典名著のすべてがわかる本』（三笠書房）、『中国武将列伝』、『中国皇帝列伝』、『菜根譚の名言ベスト100』、『「三国志」乱世の人物学』、『賢者たちの言葉』（以上、PHP研究所）など多数。

**黒鉄ヒロシ**（くろがね ひろし）

1945年生まれ。68年、「山賊の唄が聞こえる」でデビュー。97年、全集「マンガ日本の古典」の『葉隠』で第1回文化庁メディア芸術祭マンガ部門大賞受賞、同年、『新選組』で第43回文藝春秋漫画賞を受賞。98年、『坂本龍馬』で第2回文化庁メディア芸術祭マンガ部門大賞受賞、2002年、『赤兵衛』で第47回小学館漫画賞審査委員特別賞受賞。04年、紫綬褒章受章。『千思万考　歴史で遊ぶ39のメッセージ』（幻冬舎）など著書多数。

# 賢人の中国古典

2013年6月25日　第1刷発行

監　修　荒俣宏　北尾吉孝　中野明　守屋洋　黒鉄ヒロシ
発行人　見城徹
編集人　福島広司

発行所　株式会社　幻冬舎
〒151-0051　東京都渋谷区千駄ヶ谷 4-9-7
電話　03（5411）6211（編集）
03（5411）6222（営業）
振替 00120-8-767643
印刷・製本所　株式会社 光邦

検印廃止


ISBN978-4-344-90271-8 C2095
Printed in Japan
幻冬舎ホームページアドレス　http://www.gentosha.co.jp/
この本に関するご意見・ご感想をメールでお寄せいただく場合は、comment@gentosha まで。